Kristall

und

Crystal Research and Technology

Jahrgang · 1972

(1972)

Hinweise für die Autoren

Die Zeitschrift „Kristall und Technik" nimmt folgende Veröffentlichungen auf: Originalarbeiten, Zus menfassungen, kurze Mitteilungen, Buchbesprechungen, bevorzugt in englischer Sprache.

Alle zum satzreifen Manuskript gehörenden Unterlagen sind beizufügen.

Das Manuskript soll in Maschinenschrift im Format A 4 (21 × 29,7 cm) auf weißem, tintenfestem Pa einseitig, mit zweizeiligem Abstand der Zeilen und einem linken freien Rand von 3 cm geschrieben Die Manuskriptblätter sollen fortlaufend ab „1" numeriert werden.

Noch nicht für den Druck überarbeitete Vortragsmanuskripte werden in der Regel nicht angenomme

Der Kopf des Manuskriptes soll folgende Zeilen enthalten: Abgekürzte Vornamen und den Familienn des Verfassers, genaue Bezeichnung der Arbeitsstelle des Verfassers, Überschrift der Arbeit.

Der Arbeit ist eine Zusammenfassung in der Original- und einer Fremdsprache (deutsch, englisch zösisch oder russisch) voranzustellen.

Formeln, Zeichen, Buchstaben usw., für die keine Schreibmaschinentypen vorhanden sind, müssen d lesbar mit Tinte geschrieben sein.

Nomenklatur des Chemischen Zentralblattes benutzen.

O als Null ist mit der Schreibmaschine einfach zu unterstreichen, der Großbuchstabe O nicht.

Die Absätze sind deutlich im Manuskript zu kennzeichnen (durch Einrücken von mindestens schlägen).

Für die Auszeichnung des Manuskriptes ist zu beachten:

Überschriften im Text und zum Beginn des Beitrages sind übersichtlich anzuordnen und nur du einfache Unterstreichung kenntlich zu machen

Tabellenüberschriften sind nicht besonders kenntlich zu machen, sie werden normal gesetzt.

Auszeichnungen innerhalb des Textes werden in der Regel von der Redaktion erledigt. Es bedeut

hellrot ~~~~~~~~ = Kapitälchen

blau ~~~~~~~~ = kursiv

hellrot | = Kleindruc rechter roter am linken Manuskript

Tabellen sind gesondert als Manuskript zu schreiben und am Schluß des Beitrages einzuordnen.

Fußnoten sind auf gesondertem Blatt fortlaufend numeriert aufzuführen.

Abbildungen [„Fig." (= Figur)] sind als reproduzierbare Vorlagen dem Manuskript in g Umschlag beizulegen.

Fotos sind auf weißem Hochglanzpapier und im Mindestformat von 6 × 6 cm zu liefern. Bil und eventuell noch vorzunehmende Beschriftungen sind auf einem auf dem Foto angebrachte aus durchsichtigem Material zu vermerken. Die Größen aller Fotos und deren Verkleinerungsm nach Möglichkeit einheitlich zu halten.

Alles Nebensächliche bei Halbtonbildern bitte weglassen und von einer Vergrößerung der sehen.

Strichzeichnungen genügen als gut lesbare Skizzen.

Auf der Rückseite der Abbildungsvorlagen sind anzugeben: Nummer der Figur, Name de der Autoren, abgekürzter Beitragstitel, gewünschte Größe der Figur im Druck in Zehntel- 9/10, 8/10,/5/10 usw.

Bildunterschriften sind auf einem gesondertem Blatt aufzuführen.

Die Literatur soll ohne Bezifferung am Ende der Arbeit in alphabetischer Reihenfolge de aufgeführt werden. Im Text zitierte Autorennamen gelten als Literaturhinweis.

Die Literaturzitate sollen folgende Angaben enthalten:

bei Büchern z. B.: RAST, K.: Physikalisch-chemische Rechungen, Berlin 1958
bei Zeitschriften z. B.: KRAUSE, H. N., MÜLLER, K.: Kristall u. Technik **1**, 70 (196

Für jede veröffentlichte Arbeit werden 50 Sonderdrucke vom Verlag kostenlos abgegebe Autoren gemeinsam an einem Beitrag beteiligt, so erhalten sie insgesamt 50 Sonderd

Die Bestellung weiterer Sonderdrucke gegen Berechnung, jedoch nur bis zu einer Anza muß mit der Einsendung des Manuskriptes der Hauptschriftleitung bekanntgegeben wer

4

Kristall und Technik

Crystal Research and Technology

Zeitschrift für experimentelle und technische Kristallographie

BAND 7 · HEFT 4
1972

Akademie-Verlag
Berlin

Herausgeber und verantwortlich für den Inhalt Professor Dr. HERMANN NEELS, 703 Leipzig, Scharnhorststraße 20, Fernruf: 32519, 31032 bzw. 7254 Machern, Zeititzer Weg 25, Fernruf: Brandis 452.
Verlag: Akademie-Verlag GmbH, 108 Berlin, Leipziger Straße 3 – 4,
Fernruf: 220441, Telex-Nr. 112020, Postscheckkonto: Berlin 35031.
Die Zeitschrift „Kristall und Technik" erscheint monatlich. Bestellnummer: 1082/7/4.
Preis je Heft 20,– M
Gesamtherstellung: VEB Druckerei „Thomas Müntzer", 582 Bad Langensalza
Veröffentlicht unter der Lizenznummer 1526 des Presseamtes beim Vorsitzenden des Ministerrates der Deutschen Demokratischen Republik.
Printed in the German Democratic Republic

Inhalt

Übersichten

Originalbeiträge

Kurze Originalmitteilungen

Buchbesprechungen

Kristall und Technik	7	4	1972	365–385

Übersichten

P. Görlich, G. Kötitz

VEB Carl Zeiss Jena

Mehrphotonen-Absorption in Kristallen und ihre Anwendungen

Will Kleber zum Gedenken

Es wird in zusammenfassender Form über Absorptionsphänomene in kristalliner Materie berichtet, bei denen Anregungszustände unter Beteiligung von mehr als einem Photon am Elementarakt der Anregung erreicht werden. Das ist sowohl durch eine simultane Mehrphotonen-Absorption als auch durch eine konsekutive, stufenweise Absorption mehrerer Photonen (in den meisten bekannten Fällen von 2 Photonen) möglich. Als Anwendungen dieser Phänomene beanspruchen in letzter Zeit besonders die Laser- oder 2-Photonen-Spektroskopie, die Ultrarot-Quantenzähler (IRQC) und die UR-Frequenzwandler (frequency up conversion) besonderes Interesse.

The paper summarily reports on absorption phenomena occurring in crystalline matter, whereby excitation states are obtained with more than one photon participating in the elementary excitation act. This is possible both by simultaneous multiphoton absorption and by a consecutive, step-by-step absorption of a number of photons (2 photons in most reported cases). Among possible applications of these phenomena, laser or 2-photon spectroscopy, infrared quantum counters (IRQC) and infrared frequency converters (frequency up conversion) have raised particular interest recently.

Mit der Entwicklung der Lasertechnik wurden in den letzten Jahren der Erforschung der Wechselwirkung zwischen Strahlung und Materie neue Möglichkeiten eröffnet, wie experimentellen Untersuchungen zur Problematik von Multiphotonen-Prozessen. So sind 2-Photonen-Absorptionsprozesse mit nachfolgender Fluoreszenz an speziellen organischen Flüssigkeiten, 3-Photonen-Absorption in Naphtalin, 4-Photonen-Absorption an $NdBr_3$-Kristallen, 5···7-Photonen-Anregung in Alkalihalogenidkristallen und auch Photoionisationsprozesse an Gasen unter Beteiligung von bis zu 14 Photonen bekannt geworden, um nur einige Fälle zu nennen.

In diesem zusammenfassenden Bericht wollen wir uns einerseits beschränken auf Multiphotonen-Anregungsprozesse und andererseits auf Kristalle.

1. Theoretische Vorstellungen zur Zwei-Photonen-Absorption nach GÖPPERT-MAYER

Bereits vor 40 Jahren beschäftigte sich Göppert-Mayer in einer Arbeit über Elementarakte mit 2 Quantensprüngen theoretisch mit der Frage, ob es möglich ist, daß zwei Lichtquanten, deren Energiesumme gleich einer bestimmten Anregungsenergie eines Atoms ist, zusammenwirkend einen solchen Termübergang realisieren können, der für die Einzelphotonen nicht möglich ist.

Den theoretischen Betrachtungen lagen die folgenden Annahmen zugrunde (Fig. 1a).

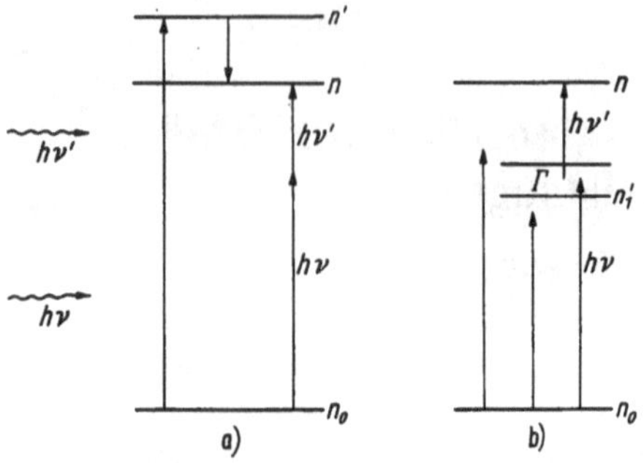

Fig. 1. Energieniveauschema
a – Simultane 2-Photonen-Absorption (nach GÖPPERT-MAYER); *b* – Konsekutive 2-Photonen-Absorption über ein reelles Zwischenniveau

Es mögen in einem atomaren System 2 Energieniveaus n_0 und n existieren, die sich in einem Strahlungsfeld der Frequenzen ν und ν' befinden. Ihre Summe soll gerade der Frequenz $\nu_{n_0 n}$ entsprechen ($\nu = \nu' = \nu_{n n_0}$). Darüber hinaus sollen weitere Niveaus existieren, die sowohl unterhalb als auch oberhalb von n liegen können. Zu ihnen gehören die Frequenzen $\nu_{n' n_0}$.

Auf der Basis der Diracschen Dispersionstheorie berechnete GÖPPERT-MAYER mit Hilfe einer Störungsrechnung die Wahrscheinlichkeit des Überganges $n_0 \to n$ zu:

$$\omega_{n n_0} = \frac{16\,\pi^4}{h^2} \int \varrho\,(\nu_{n n_0} - \nu)\,\varrho(\nu)\,d\nu \cdot$$
$$\cdot \left| \sum_{n'} \left[\frac{(\boldsymbol{p}_{n n'} \cdot \boldsymbol{e}')\,(\boldsymbol{p}_{n' n_0} \cdot \boldsymbol{e})}{h\,(\nu_{n' n_0} - \nu)} + \frac{(\boldsymbol{p}_{n n'} \cdot \boldsymbol{e})\,(\boldsymbol{p}_{n' n_0} \cdot \boldsymbol{e}')}{h\,(\nu_{n' n_0} - \nu')} \right] \right|^2 \qquad (1)$$

mit h: Plancksches Wirkungsquantum
$\varrho(\nu)$: Strahlungsdichte
$\boldsymbol{e}, \boldsymbol{e}'$: Einheitsvektor der Polarisationsrichtung
$\boldsymbol{p}$: resultierendes Dipolmoment $= \sum_r e\,\boldsymbol{q}_r$

Aus dieser Beziehung (1) läßt sich ablesen:

a. Die Wahrscheinlichkeit des 2-Photonen-Überganges ist proportional dem Produkt der Strahlungsdichten. Im Sonderfall $\nu' = \nu$ ist sie proportional $\varrho(\nu)^2$.

b. Die Wahrscheinlichkeit des Überganges ist proportional dem Betragsquadrat über die Summe der Matrixelemente der Übergänge $n_0 \to n_i'$ und $n_i' \to n$. Fassen wir diese Übergänge unter einem virtuellen Zustand n' zusammen, so wird der Zustand n erreicht durch 2 Teilübergänge, von n_0 über den virtuellen Zustand n' nach n.

2. Simultane und konsekutive Mehrphotonen-Absorptionsprozesse

2.1. Zur Definition

Bisher war davon ausgegangen worden, daß zwischen Grundzustand und Anregungszustand des Zwei-Photonen-Prozesses sich kein weiteres Energieniveau (Fig. 1a) befindet bzw. keine der eingestrahlten Frequenzen mit einem Übergang zu einem solchen reellen Zwischenniveau übereinstimmt, was für (1) bedeutet

$$\nu_{n'n_0} - \nu \neq 0 \quad \text{bzw.} \quad \nu_{n'n_0} - \nu' \neq 0 \,.$$

Lösen wir uns von dieser Einschränkung (Fig. 1b) und lassen ein Zusammenfallen einer eingestrahlten Frequenz mit einem reellen Energieniveau innerhalb der spektralen Breite Γ zu, d. h. $|\nu_{n_1'n_0} - \nu| \leqq \Gamma$ und $|\nu_{n_1'n_0} - \nu'| \leqq \Gamma$, so divergiert die Reihe in (1).

In diesem Fall hängt das Verhalten des Systems ganz davon ab, ob der Prozeß der Gesamtanregung (t_{Anreg}) schneller oder langsamer als die Relaxation (t_{Relax}) verläuft, d. h. ob der Elementarakt simultan oder konsekutiv abläuft. Im Falle simultaner Absorption gilt (1) weiter unter Einführung eines Dämpfungsgliedes. Im Falle der konsekutiven Absorption hat man die Beziehung einer stufenweisen Anregung anzuwenden, die keine hochintensive Laser-Anregung erfordert.

2.2. Simultane Mehrphotonen-Absorption

Der experimentelle Nachweis eines simultanen Mehrphotonen-Absorptionsprozesses bedurfte erst der Entwicklung der Lasertechnik. Sie gab dem Experimentator das Instrument in Form der nun realisierbaren hinreichend hohen Strahlungsdichten in die Hand. So wiesen KAISER und GARRETT ziemlich genau 30 Jahre nach seiner hypothetischen Vorhersage im Jahre 1961 einen 2-Photonen-Absorptionsprozeß nach (Fig. 2).

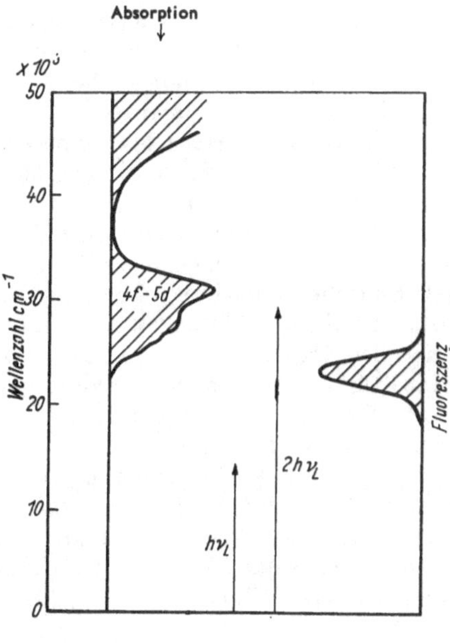

Fig. 2. Schematische Darstellung der simultanen 2-Photonen-Absorption in CaF_2: Eu und ihres Nachweises über die Fluoreszenz

CaF_2: Eu-Kristalle ließen sich mit dem roten Licht eines Rubinlasers zu einer „Antistokes"-Fluoreszenz im blauen Spektralbereich um 450 nm anregen. Diese Erscheinung wurde erklärt durch die simultane Absorption von 2 Laserphotonen, die gemeinsam ein 4f-Elektron in den 5d-Zustand heben. Nach erfolgter Relaxation ist die bekannte Fluoreszenz der Eu^{2+}-Ionen zu beobachten. Wie nach (1) erwartet, wurde eine quadratische Abhängigkeit der Fluoreszenzintensität von der Anregungsintensität beobachtet (Fig. 3).

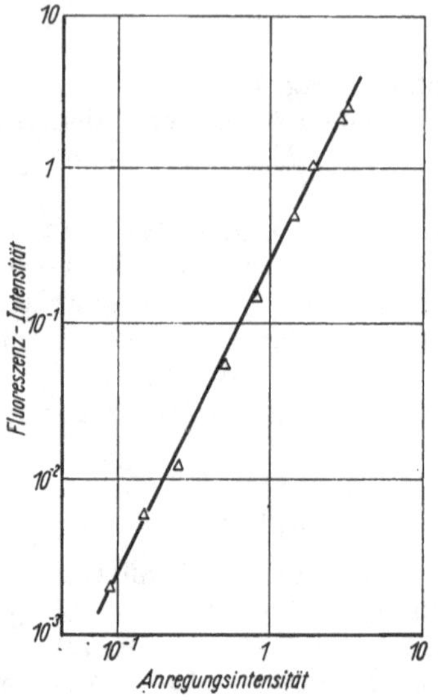

Fig. 3. Fluoreszenzintensität als Funktion der Anregungsintensität in CaF_2: Eu (nach KAISER, GARRETT)

Darüber hinaus ergaben Abschätzungen des Absorptionsquerschnittes von 2-Photonen-Prozessen in Kristallen mit Aktivatorniveaus auf der Basis der von GÖPPERT-MAYER entwickelten allgemeineren Theorie [nach KLEINMANN] eine größenordnungsmäßige Übereinstimmung der gemessenen und berechneten Anzahl an Fluoreszenzquanten.

Damit war zum ersten Mal experimentell die Möglichkeit eines 2-Photonen-Prozesses nachgewiesen und zugleich die Richtigkeit des von GÖPPERT-MAYER gewählten Weges bestätigt.

Der GÖPPERT-MAYERsche Grundgedanke wurde in spezifischer Form inzwischen auch bei der Behandlung von 2-Photonen-Absorptionsprozessen für elektronische Band–Band-Übergänge in Halbleitern (BRAUNSTEIN; BRAUNSTEIN, OCKMAN; ZUBOV, KULEVSKII, MAKAROV, MURINA, PROKHOROV) und Isolator-Kristallen (HOPFIELD, WORLOCK (1965), INOUE, TOYOZAWA; MAHAN; BADER, GOLD) für die Bildung von Excitonen (LOUDON; HOPFIELD, WORLOCK (1965); INOUE, TOYOZAWA) sowie für stark gekoppelte Verunreinigungen in Kristallen weiterentwickelt (KLEINMAN).

Experimentelle Untersuchungen zur simultanen Absorption zweier Laser-Photonen sind an CdS (BRAUNSTEIN, OCKMAN; BASOV; ARSENIEV, DNEPROVSKY, KLYSHKO, PENIN; LYALIN, SOLOVIEV), ZnS (PANIZZA), ZnSe (ARSENIEV, DNEPROVSKY, KLYSHKO, PENIN), Ge (ZUBOV, KULEVSKI, MAKAROV, MURINA, PROKHOROV), GaAs (BASOV), $LiNbO_3$ (ARSENIEV, DNEPROVSKY, KLYSHKO, PENIN),

KBr und KJ (GELLER, ALTMANN, DETEMPLE; GELLER, DE TEMPLE, TAYLOR), CaF_2:Eu (KAISER, GARRETT; BAYER, SCHAAK), CaF_2:Ho (ERSHOV, PIMENOV, PROKHOROV, FEDOROV), $SrTiO_3$:Fe,Mo (AMODEI; AMODEI, BOSOMWORTH) und $NdBr_3$ (SINGH, GEUSIC) bekannt geworden.

Bei den voran beschriebenen Phänomenen handelte es sich um die Absorption von 2 Laser-Photonen gleicher Energie. Da von theoretischer Seite lediglich die Forderung stand, daß die Energiesumme der beiden Quanten einem erlaubten

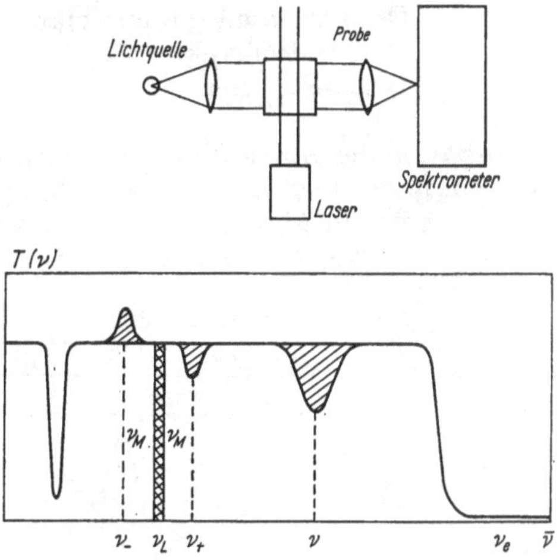

Fig. 4. Schematisierte Darstellung der 2-Photonen-Absorptionsspektroskopie (nach MINCK, TERHUNE, WANG)

Übergang entsprechen muß, sollte auch die simultane Absorption zweier Photonen unterschiedlicher Energie möglich sein. Es zeigte sich sogar (MINCK, TERHUNE, WANG), daß das simultane Einwirken von Laser-Photonen fester Frequenz ν_L mit Photonen einer variablen Frequenz ν von einer um Größenordnungen schwächeren konventionellen Lichtquelle (Fig. 4, oben) gleichfalls zu einem simultanen 2-Photonen-Absorptionsprozeß führt.

Stellen wir uns ein Medium vor, das bei Beleuchtung mit weißem Licht für die variable Frequenz ν ein Transmissionsverhalten wie in Figur 4, unten aufweist. Es liegen Gitterschwingungen im ultraroten Spektralbereich und eine Gittereigenabsorption im ultravioletten Spektralbereich vor. Strahlt man nun zusätzlich Laserlicht der Frequenz ν_L ein, so ändert sich das Absorptionsspektrum für das Licht geringer Intensität. Ein Laserphoton der Frequenz ν_L und ein Photon der Frequenz ν erzeugen einen Übergang der Frequenz $\nu_e = \nu_L + \nu$ im Bereich der Eigenabsorption. Bei den Veränderungen in der Nähe der Laserfrequenz handelt es sich um Elektron–Phonon-Prozesse, die hier nicht näher betrachtet werden sollen.

Für den Fall einer Näherung für elektrische Dipolübergänge berechneten INOUE und TOYOZAWA die Absorptionskonstante K für die Photonen der Abtaststrahlung $h\,\nu$ in Anwesenheit der Laserphotonen $h\,\nu_L$. Sie erhielten eine zu (1) analog gebaute Beziehung (2), aus der hervorgeht, daß die Absorptionskonstante für den 2-Photonen-Übergang proportional dem Laser-Photonenstrom (Photonen/cm^3 s) ist.

$$K\,(h\,\nu + h\,\nu_L) = \mathrm{const}\ h\,\nu \cdot h\,\nu_L \cdot F_L \left| \sum_i \left(\frac{\langle f \mid \boldsymbol{r}\cdot \boldsymbol{e}_L \mid i \rangle \langle i \mid \boldsymbol{r}\cdot \boldsymbol{e}_P \mid g \rangle}{E\,g_i - h\,\nu} + \right.\right.$$
$$\left.\left. + \frac{\langle f \mid \boldsymbol{r}\cdot \boldsymbol{e}_P \mid i \rangle \langle i \mid \boldsymbol{r}\cdot \boldsymbol{e}_L \mid g \rangle}{E\,g_i - h\,\nu_L} \right) \right|^2 \delta\,(E_{fg} - h\,\nu_L - h\,\nu) \quad (2)$$

mit K : Absorptionskonstante der Abtaststrahlung $h\,\nu$
F_L : Laserphotonenfluß (Photonen/cm² s)
f : Endzustand (final state)
i : Zwischenzustand (intermediate state)
g : Grundzustand (ground state)
$\boldsymbol{e}_P, \boldsymbol{e}_L$: Polarisationsvektor für Abtaststrahl und Laserstrahl
δ : Delta-Funktion

Bei Variation der Abtastfrequenz ν ist man so bei hinreichendem Laser-Photonenstrom in der Lage, 2-Photonen-Absorptionsspektren zu messen.

Die 2-Photonen-Absorptionsspektroskopie ergänzt die konventionelle 1-Photonen-Spektroskopie in nützlicher Weise (BRAUNSTEIN, OCKMAN; HOPFIELD,

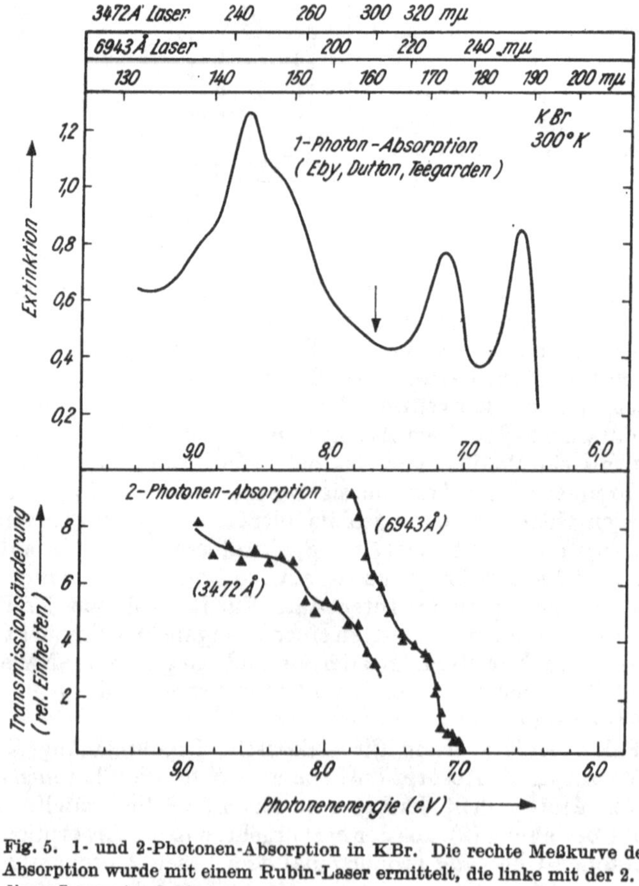

Fig. 5. 1- und 2-Photonen-Absorption in KBr. Die rechte Meßkurve der 2-Photonen-Absorption wurde mit einem Rubin-Laser ermittelt, die linke mit der 2. Harmonischen dieses Lasers (nach MAHR)

WORLOCK, PARK; KIELICH; MAHAN; BADER, GOLD). 1-Photonen-Übergänge elektrischer Dipole zwischen elektronischen Zuständen gleicher Parität sind verboten ($\Delta S \neq 0$), so daß uns die 1-Photonen-Spektroskopie bisher nur die Hälfte an Information gebracht hat.

2-Photonen-Übergänge hingegen finden nur zwischen Zuständen gleicher Parität ($\Delta S = 0$) statt (AXE). Auf diese Weise sind die spektroskopisch zu gewinnenden Informationen komplementär. Über diesen Umstand hinaus bietet der meist geringere Absorptionsquerschnitt für einen 2-Quanten-Absorptionsprozeß die Möglichkeit, an stark absorbierenden Objekten, z. B. an Festkörpern im Bereich der Eigenabsorption, das Volumen-Verhalten der Einkristalle zu untersuchen, so daß evtl. verfälschende Oberflächeneffekte ausgeschaltet werden können. Bisher war man gezwungen, infolge der großen Absorptionskoeffizienten der Grundgitterabsorption der Ionenkristalle von dünnen Aufdampfschichten zu extrapolieren.

Als Beispiel seien Messungen der 1- und 2-Photonen-Absorption von KBr angeführt (Fig. 5). Im oberen Teil ist das an einer KBr-Aufdampfschicht gemessenen 1-Photonen-Absorptionsspektrum zu sehen. Darunter das 2-Photonen-Spektrum unter Benutzung der Laser-Emission eines Rubin-Lasers. Die obere energetische Grenze des Meßbereiches für die 2-Photonen-Absorption ist gegeben durch den Beginn einer starken 1-Photonen-Absorption bei ca. 6,2 eV, erweitert um die Photonenenergie der Laserquanten von ca. 1,78 eV zu ca. 8 eV. Bei Benutzung der 2. Harmonischen ist es sogar möglich, bis über 9 eV zu gelangen. Die Messung erfolgte punktweise über ein Impulsverfahren, was an die Reproduzierbarkeit des Laserimpulses hohe Anforderungen stellt.

Weitere 2-Photonen-Absorptionsspektren wurden an einer Reihe von Alkalihalogenid-Kristallen (HOPFIELD, WORLOCK, PARK; MINCK, TERHUNE, WANG; MAHAN; MAHR), Halbleitern (PANIZZA; REGENSBURGER, PANIZZA; MAHAN; PRADERE, SACKS, MYSYROWICZ) sowie TiO_2 (WAFF, PARK) untersucht. Fortschritte in der Entwicklung abstimmbarer Laser werden es ermöglichen, auch die 2-Photonen-Absorption von Verunreinigungen in Festkörpern mit großem Bandabstand zu untersuchen.

2.3. Konsekutive Mehrphotonen-Absorption

Den experimentellen Nachweis für eine zweistufige Anregung eines Elektrons erbrachte PORTER 1961 am System $LaCl_3:Pr^{3+}$ (Fig. 6). Lichteinstrahlung der Wellenlänge 2,3 µm führt zur Besetzung des 1. Anregungszustandes $^3H_6$. Licht der Wellenlänge 558 nm hebt das Elektron während seiner Lebensdauer im Zustand $^3H_6$ in einem 2. Schritt in den Zustand $^3P_2$ an, dessen Besetzung durch die Fluoreszenz bei der Rückkehr des Elektrons in den Grundzustand angezeigt wird.

Inzwischen sind an einer Vielzahl von dotierten Kristallen Stufenanregungsprozesse beobachtet worden. Es sind auch Fälle bekannt geworden, bei denen Stufenanregung und 2-Photonen-Absorption kombiniert auftreten. So berichteten SINGH und GEUSIC 1966 über eine äußerst intensive Fluoreszenz von $NdCl_3$ und $NdBr_3$ im UV und sichtbaren Spektralbereich bei Anregung durch UR-Quanten eines 1 W CW YAG:Nd^{3+}-Lasers (1,06 µm). Zwei Fakten wiesen dabei den Weg der Interpretation (Fig. 7):

1. Die beobachtete Wellenlänge der Fluoreszenz liegt kürzer als ein Drittel der Laserwellenlänge.

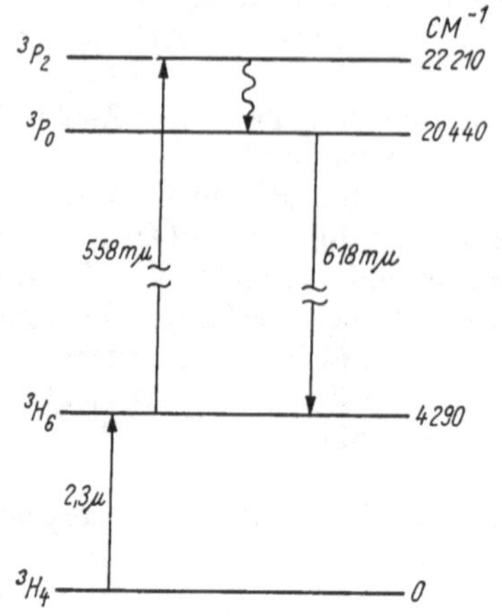

Fig. 6. Ausschnitt aus dem Energieniveauschema von Pr^{3+} in einem $LaCl_3$-Wirtsgitter. Die für den Term $^3P_2$ und $^3H_6$ angegebenen Energien sind die Mittelwerte der Multipletts (nach Porter)

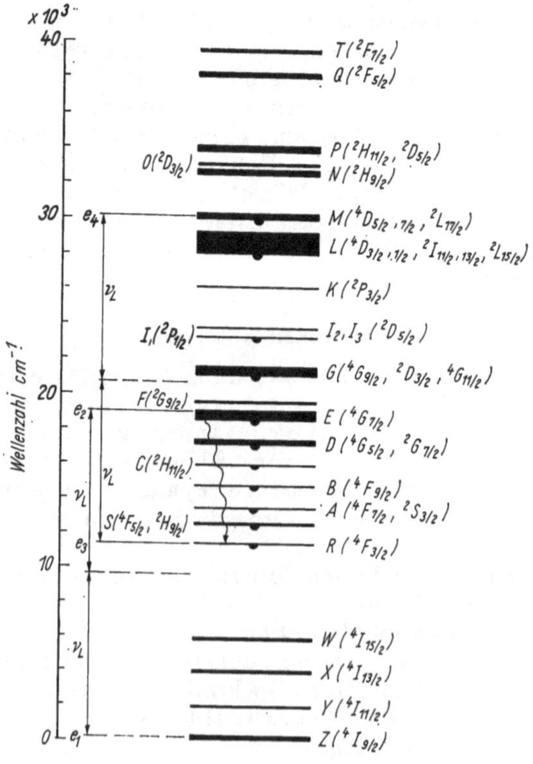

Fig. 7. Energieniveaus von Nd^{3+} im Chlorid (ohne Wasser). Die Fluoreszenzniveaus sind markiert durch Halbkreise (nach Singh, Geusic)

2. Bei schwacher Anregung (ca. 10^{23} Photonen cm^{-2} s^{-1}) ist die Fluoreszenzintensität proportional der vierten Potenz der Anregungsintensität.

Beides weist auf einen 4-Photonen-Prozeß hin. Es gibt kein der Laserfrequenz entsprechendes Energieniveau, wohl aber ein der 2-Photonen-Absorption entsprechendes ($^4G_{7/2}$). Der Übergang $^4I_{9/2} \rightarrow {}^4G_{7/2}$ verläuft unter Erhaltung der Parität ($\Delta S = 0$) und sollte deshalb erlaubt sein. Nach erfolgter Relaxation in den $^4F_{3/2}$-Zustand führt eine weitere simultane Absorption von 2 Laser-Photonen in den Zustand $^4D_{5/2}$. Die beiden 2-Photonen-Übergänge genügen nicht nur der Bedingung für die Erhaltung der Parität ($\Delta S = 0$), sondern auch den Auswahlregeln ΔL, $\Delta J \leq 2$. Gerade an diesem Beispiel ist zu erkennen, wie eng die simultane Absorption und die konsekutive Absorption miteinander verbunden sein können.

3. Technische Anwendungen von Mehrphotonen-Absorptionsprozessen

3.1. Ultrarot-Quantenzähler

Eine intensive Untersuchung konsekutiver Anregungsprozesse in Kristallen wurde durch den Vorschlag eines „Solid State Quantum Counters" durch BLOEMBERGEN im Jahre 1958 ausgelöst. Dieser UR-Quantenzähler (engl. Abkürzung IRQC von **I**nfra**r**ed **Q**uantum **C**ounter) soll auf folgendem Prinzip beruhen (Fig. 8):

Es möge ein 3-Niveau-Quantenschema existieren. Der Abstand zwischen dem Grundzustand und dem ersten angeregten Zustand soll sehr viel größer sein als

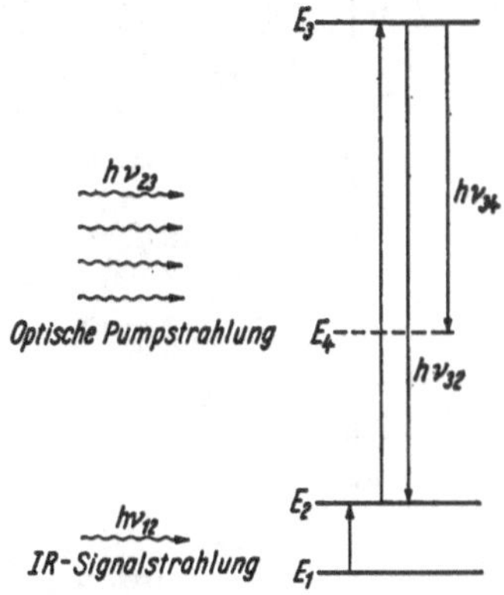

Fig. 8. Schema eines Ultrarot-Quanten-Zählers nach BLOEMBERGEN

die thermische Energie kT bei der Untersuchungstemperatur. Dann ist nur der Grundzustand besetzt. Intensive optische Pumpstrahlung der Energie $h\,\nu_{23}$ wird nur dann absorbiert, wenn ein UR-Quant der Energie $h\,\nu_{12}$ ein Elektron in den Zustand E_2 gehoben hat, das dann in den Zustand E_3 weiter angehoben wird. Die spontane Emission von E_3 nach E_2 stellt einen Resonanzübergang dar, und das Elektron kann wiederholt nach E_3 angeregt werden. Auf diese Weise könnten mehrere Quanten der Energie $h\,\nu_{32}$ für jedes einfallende Quant $h\,\nu_{12}$ emittiert werden, d. h. es wäre eine Verstärkung möglich. Der Nachweis würde sich allerdings sehr schwierig gestalten, da die Fluoreszenzstrahlung als Indikator

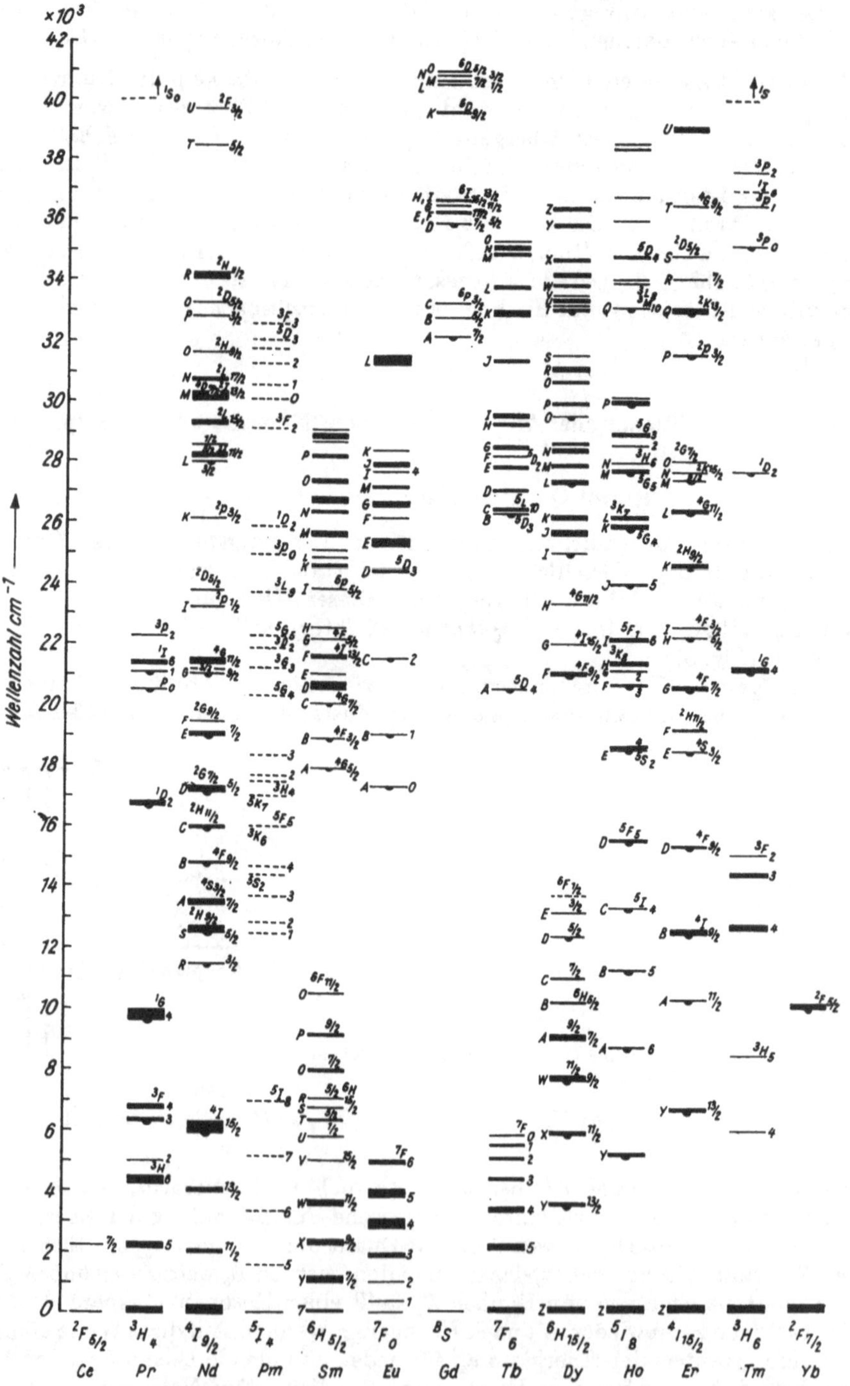

Fig. 9. Energieniveauschemata der Ionen der Seltenen Erden in $LaCl_3$ (nach Dieke)

der Signalstrahlung frequenzmäßig nicht von der Pumpstrahlung zu unterscheiden wäre. Um das zu umgehen erweiterte Bloembergen das 3-Niveau-Schema auf ein nichtresonantes 4-Niveau-Schema.

Im Gegensatz zu den Masern, bei denen durch den Anteil der spontanen Emission eine Beschränkung der Nachweisgrenze gemäß einer Rauschtemperatur von $h\nu/(k \ln 2)$ nicht zu vermeiden ist, soll der UR-Quantenzähler rauschfrei sein, da er nicht auf dem Prinzip der induzierten Emission beruht. Nach Ansicht Bloembergens sollte ein solcher Typ eines UR-Empfängers selbst dann noch nützlich sein, wenn die Quantenausbeute für die UR-Umwandlung um Größenordnungen unter ihren potentiellen Möglichkeiten bleibt. Als mögliche Träger der IRQC-Schemata wies Bloembergen auf die Ionen der Seltenen Erden und anderer Übergangselemente hin.

Im Jahre 1961 konnte Porter wie bereits erwähnt am System $LaCl_3:Pr^{3+}$ die Möglichkeit der stufenweisen Anregung und der UR-Quantenzählung nachweisen.

Von vornherein beanspruchten die Ionen der Seltenen Erden in Wirtskristallen mit ihren mannigfachen Absorptions- und Emissionsspektren im sichtbaren und ultraroten Spektralbereich besonderes Interesse bei der Untersuchung konsekutiver Mehrphotonen-Absorptionsprozesse. Die Energieniveauschemata ihrer dreiwertigen Ionen sind durch die Arbeiten von Hellwege seit den 40er Jahren und von Dieke seit den 50er Jahren und vor allem in Verbindung mit der Laserphysik gut bekannt (historischer Überblick und Einführung siehe H. M. und H. Crosswhite).

Einen Überblick über die Energieniveaus der dreiwertigen Lanthanidionen in $LaCl_3$ vermittelt Figur 9. Beim Einbau der Ionen in Kristalle werden diese nur wenig verschoben, da sie von Elektronenübergängen innerhalb der 4f-Elektronenschale herrühren, die durch eine volle äußere Edelgasschale (Xe) vom Kristallfeld des Wirtsgitters gut abgeschirmt sind. Meist ist die Verschiebung in verschiedenen Wirtsgittern nicht größer als 100 cm^{-1}.

Aus diesen Termschemata lassen sich unter dem Gesichtspunkt des IRQC bereits einige Schlüsse ziehen:

1. Die Ionen des Cer, Gadolinium und Ytterbium lassen keine Stufenanregung zu. Promethium ist radioaktiv und wie Lutetium (hier nicht angegeben) nur wenig untersucht, so daß von den 14 Vertretern der Lanthaniden nur 9 in die engere Wahl für ein IRQC kommen.
2. Die Energieniveauabstände der unteren Niveaus sind für die Ionen des Holmiums, des Erbiums und des Thuliums größer als bei den anderen. Daraus ist eine geringere Übergangswahrscheinlichkeit für strahlungslose Prozesse zu erwarten. Diese Ionen sollten für IRQC besonders attraktiv sein.

Inzwischen sind nahezu 50 IRQC-Systeme bekannt geworden. Tabelle 1 vermittelt einen Überblick über die bisher untersuchten Wirtskristall–Aktivator-Systeme. Als Wirtskristalle spielen wie ersichtlich die Fluoride mit CaF_2-Struktur (CaF_2, SrF_2, BaF_2 und CdF_2) eine dominierende Rolle, bei den Aktivatorionen treten wie erwartet Holmium, Erbium und Thulium besonders hervor.

Jedes einzelne IRQC-System verfügt i. a. über mehrere mögliche IRQC-Schemata, wie z. B. im Falle $CaF_2:Er$ über 66 (Fig. 10). Es sind Stufenübergänge zu 10 Anregungszuständen eingeschlossen, und die Anregungswellenlängen liegen im Bereich von 0,41 μm bis 2,8 μm.

Tabelle 1
IRQC-Systeme

Wirt	Aktivator							
	Pr	Nd	Eu	Tb	Dy	Ho	Er	Tm
CaF_2	1,2,3,5	1,3	1	3,4,5	1,5,6	3,5,7,8,9	3,5,10,11,12	1,3,18,19
SrF_2	1,2,3,5	1,3	1	3,4	1,3,5,6	3,8	3,10,11,12,13	1,3,18,19
BaF_2	1,2,3,5	1,3	1	3	1,5	3,8	3,10,11,12,14	1,3,18,19
CdF_2	1,5	1			1,5	3,5,8,9	3,5,15,16	1,3,18,19
LaF_3	1,2,5	1			1,5	1,8	10,17	1,18,20
$LaCl_3$	1,5,20,21							
$PrCl_3$	22,23	24						
CeF_3			5	5		1	1	
Y_2O_3							17,29	
Al_2O_3						1	5	
$CaWO_4$				1	1	9		1,5,19
$NaLa(WO_4)_2$						9		
$SrWO_4$						9		
$CaMoO_4$						9		
$PbMoO_4$							25	
YAG						9	1	
YGaG							26	
$LiYF_4$							27, 28	

1 Esterowitz, Schnitzler, Noonan, Bahler (1968)
2 Brown, Shand (1963)
3 Brown, Shand (1966)
4 Livanova, Saitkulov, Stolov (1969)
5 Esterowitz, Noonan (1967) a
6 Brown, Shand (1964) b
7 Esterowitz, Noonan, Bahler (1967)
8 Brown, Shand (1964) a
9 Gualtieri, deLhery, Aucoin, Pastore (1967)
10 Brown, Shand (1964) c
11 Brown, Strain (1966)
12 Brown, Shand (1965)
13 Brown, Shand, Whiting (1965)
14 Ovsjankin, Feofilov (1966)
15 Esterowitz, Noonan (1965)
16 Esterowitz, Noonan (1966)
17 Richman, Chang (1967)
18 Esterowitz, Noonan, Schnitzler (1966) a
19 Esterowitz, Noonan, Schnitzler (1966) b
20 Gandrud, Moos (1968)
21 Porter (1965) a
22 Porter (1961) b
23 Porter (1961)
24 Varsanyi (1965)
25 Bakumenko, Vlasov, Kovarskaja, Kosina, Favorin (1965)
26 Chamberlain, Everitt, Orton (1968)
27 Brown, Shand (1969)
28 Brown, Roots, Shand (1969)
29 Krupke (1965)

Eine ähnliche Mannigfaltigkeit der IRQC-Schemata wurde mit 38 für Tm^{3+}-Ionen in $CaWO_4$ und mit 36 für Ho^{3+}-Ionen in CaF_2 (ESTEROWITZ, SCHNITZLER, NOONAN, BAHLER) gefunden. Insgesamt sind gegenwärtig einige Hundert IRQC-Schemata bekannt. Dabei handelt es sich fast ausschließlich um 3- und 4-Niveau-Systeme.

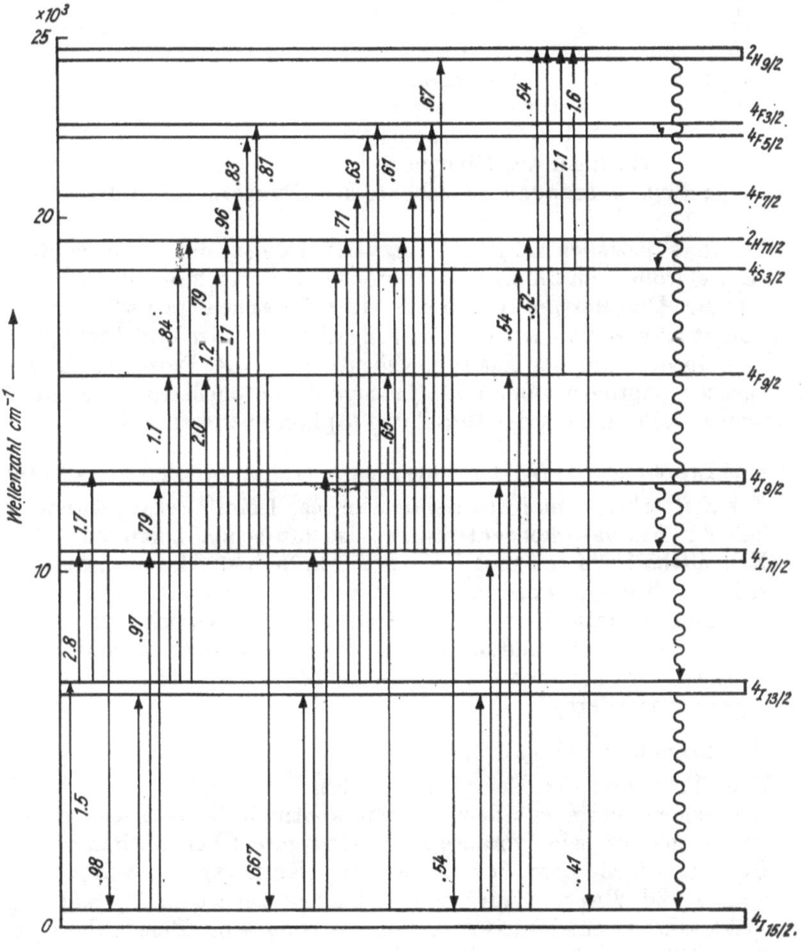

Fig. 10. IRQC-Schemata von CaF_2:Er^{3+} (1 Mol%). Die Pfeile tragen die Wellenlänge des Übergangs in μm (nach ESTEROWITZ, SCHNITZLER, NOONAN, BAHLER)

Im Gegensatz zu diesem breiten experimentellen Fundus ist die theoretische Behandlung im Sinne einer quantitativen Vorausberechnung der Quantenumwandlungsausbeute aus den Materialparametern und der optischen Pumpleistung über einige qualitative Aussagen und größenordnungsmäßige Abschätzungen nicht wesentlich hinausgekommen. Bereits im Jahre 1961 hatte PROCHOROW den Weg der theoretischen Behandlung durch die Anwendung der Bilanzgleichungen für den einfachsten Fall eines 3-Niveau-IRQC vorgezeichnet.

Im Jahre 1965 griffen BROWN, SHAND und WHITING diesen Gedanken wieder auf und gaben für ein 3-Niveau-Schema (Fig. 8) die folgende Beziehung für den Fluoreszenzphotonenstrom an:

$$I_F = (N_1 \cdot B_{12} \cdot \varrho_{12}) (B_{23} \cdot \varrho_{23} \cdot \tau_2) \eta_{31} \tag{3}$$

mit I_F : Fluoreszenzphotonenstrom
N_1 : Besetzungszahl des Zustandes 1
B_{12}: Einsteinkoeffizient für den Übergang $1 \rightarrow 2$
ϱ_{12} : Energiedichte des einfallenden Signals
B_{23}: Einsteinkoeffizient für den Übergang $2 \rightarrow 3$
ϱ_{23} : Energiedichte des Pumplichtes
τ_2 : Lebensdauer des Niveaus 2
η_{31} : Fluoreszenzquantenausbeute des Überganges $3 \rightarrow 1$.

Für einen speziellen $SrF_2:Er^{3+}$-Kristall wurde aus den experimentell bestimmten Einzelgrößen ein Fluoreszenzphotonenstrom von $2{,}5 \cdot 10^{13}$ Photonen $cm^{-3}\,s^{-1}$ errechnet. Die Messung ergab $2{,}7 \cdot 10^{13}$ Photonen $cm^{-3}\,s^{-1}$. Diese Übereinstimmung ist besser als es dem Näherungscharakter der Beziehung (3) entspricht.

Eine Optimierung der Quantenausbeute des IRQC-Prozesses als Quotient aus Fluoreszenzphotonenstrom und UR-Signal-Photonenstrom für ein 3-Niveau-System sollte sich nach der Beziehung (3) konzentrieren auf

a) eine Erhöhung von N_1, d. h. eine Konzentrationserhöhung des Aktivators

Zur Zeit arbeitet man im Bereich um ca. 1 Mol%. Ein Einbau wesentlich höherer Aktivatorkonzentrationen ist oft schon allein aus Gründen der Kristallchemie nicht möglich. Bei sehr hohen Aktivatorkonzentrationen, z. B. ca. 10 Mol%, wurde die erwartete Zunahme der Ausbeute nicht erreicht. Die Ursache dafür liegt in der Wechselwirkung zwischen eng benachbarten Ionen, die zur Paarbildung führt. Dadurch werden sowohl die effektiven Lebensdauern als auch die Quantenausbeuten der interessierenden Energieniveaus verändert.

b) eine Erhöhung von ϱ_{23}

Eine Erhöhung der Energiedichte des Pumplichtes um mehrere Größenordnungen müßte mit dem Einsatz kontinuierlicher Laser als Pumplichtquelle möglich sein, vorausgesetzt eine gute Übereinstimmung des Laser-Überganges mit dem Pump-Übergang (KRUPKE). Es wurde von BROWN, SHAND und WHITING auch vorgeschlagen, nach dem Vorbild der Ramanspektroskopie ein Multiwegsystem zu benutzen. Eine Erhöhung um den Faktor 50 wird für möglich gehalten.

c) eine Erhöhung von τ_2, η_{31}, B_{12} und B_{23}

Diese Faktoren lassen sich nicht voneinander trennen, da sie charakteristisch für das spezielle IRQC-Kristallsystem sind. Sie sind sowohl vom Aktivator als auch vom Kristallwirt abhängig. BROWN und SHAND (1966) konnten an Hand eines Vergleiches über 6 Vertreter der Seltenen Erden (Pr^{3+}, Nd^{3+}, Tb^{3+}, Ho^{3+}, Er^{3+}, Tm^{3+}) zeigen (Tab. 2), daß insbesondere die Lebensdauer des 1. Anregungszustandes und die Fluoreszenzquantenausbeute des 2. Anregungszustandes der IRQC-aktiven Ionen für Unterschiede im IRQC-Verhalten verantwortlich sind.

Tabelle 2
Vergleich charakteristischer Parameter von IRQC-Systemen $MeF_2:SE^{3+}$ (Me = Ca, Sr, Ba, Cd) nach BROWN und SHAND (1966)

	τ_2 µs	B_{12}, B_{23}	η_{31} %	Relative Stärke Exp.	Relative Stärke Theorie
Pr^{3+}	1	1	15	10^{-3}	10^{-3}
Nd^{3+}	800	1	0–1	10^{-4}	10^{-3}
Tb^{3+}	200	10^{-3}	2	10^{-4}	10^{-3}
Ho^{3+}	10000	1	5	1	1
Er^{3+}	10000	1	5	1	1
Tm^{3+}	10000	1	0–1	10^{-2}	10^{-2}

Tabelle 3
Vergleich der Leistungsparameter der besten IRQC mit kommerziellen Photowiderständen

System	Signal λ (µm)	T (°K)	η	NEP ($WHz^{-1/2}$)
$LaCl_3:Pr$	2,03	4,2	—	$3 \cdot 10^{-9}$
CdF_2: Er	1,5	300	—	$1 \cdot 10^{-9}$
SrF_2 : Er	1,5	300	$2 \cdot 10^{-7}$	$3 \cdot 10^{-8}$
$LaCl_3$: Tm	1,76	4,2	—	$2,7 \cdot 10^{-7}$
$CaWO_0$: Ho	1,15	300	$1,6 \cdot 10^{-8}$	$2,5 \cdot 10^{-4}$
PbS-Photowiderstand		300		$3 \cdot 10^{-10}$ bis $5 \cdot 10^{-12}$

Die Lebensdauern und die Quantenausbeute werden aber auch sehr wesentlich von den Eigenschaften des Kristallwirtes bestimmt. Wesentlichen Einfluß übt dabei die Debye-Temperatur des Kristallwirtes über die Schwingungsverteilung auf die strahlungslosen Übergänge aus GANDRUD und MOOS (1968). In dieser Erkenntnis wurde an den prädestinierten Er^{3+}-Ionen eine Optimierung durch Variation des Kristallwirtes versucht. Unter 12 verschiedenen kristallinen Wirten soll nach ESTEROWITZ und NOONAN CdF_2:Er die besten Eigenschaften aufweisen.

Stellen wir nun die Frage, ob die IRQC-Methode bisher das gebracht, was man sich erhofft hat, nämlich eine Revolutionierung der UR-Empfängertechnik. Tabelle 3 zeigt einen Vergleich der für verschiedene IRQC-Systeme angegebenen Werte für das Rauschäquivalent des Dunkelstromes. Selbst die besten Systeme wie $LaCl_3:Pr^{3+}$ und $CdF_2:Er^{3+}$ mit 10^{-9} W/$Hz^{1/2}$ liegen noch 2 bis 3 Größenordnungen über den Werten für die konventionellen PbS-Photowiderstände von $3 \cdot 10^{-10}$ bis $5 \cdot 10^{-12}$ W/$Hz^{1/2}$.

Ein wesentlicher Nachteil des einfachen 3-Niveau-IRQC ist, daß der Fluoreszenzübergang entweder im stark besetzten Grundzustand endet, wobei die emittierte Strahlung leicht von den aktiven Ionen reabsorbiert werden kann, oder als Resonanzübergang schwer vom Pumpübergang zu trennen ist. In einem 4-Niveau-Schema unter Einschluß eines relaxierten Fluoreszenzausgangsniveaus kann das vermieden werden und wurde auch praktisch bereits in einigen IRQC-Schemata realisiert. Große Hoffnungen setzt man jetzt auf ein sogenanntes ideales IRQC-Schema, das von ESTEROWITZ, SCHNITZLER, NOONAN und BAHLER 1968 vorgeschlagene 5-Niveau-IRQC-Schema (Fig. 11). Dabei besannen sich die Autoren wieder auf den historischen Vorschlag von BLOEMBERGEN, die Fluoreszenz nicht im Grundzustand enden zu lassen, sondern in einem metastabilen Pumpzustand (Fig. 8). Auf diese Weise sollen durch das UR ausgelöste Elektronen in einem ständigen Zyklus bleiben und eine Verstärkung möglich sein. Das vorgeschlagene Energieniveauschema unterscheidet sich von den bisher betrachteten wesentlich durch die 2 eng benachbart liegenden Anregungsniveaus 2 und 3. Es wird gewünscht, daß der UR-Signal-Übergang 1 → 3 eine hohe Oszillatorstärke hat und das angeregte Elektron in einem strahlungslosen Übergang sehr schnell in das metastabile Niveau gelangt. Ähnlich soll es mit dem Pumpübergang sein: hohe Oszillatorstärke, schneller strahlungsloser Übergang in das Fluoreszenzniveau 4.

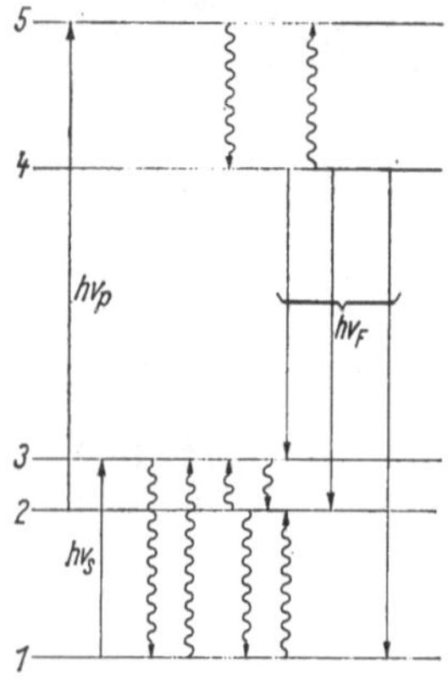

Fig. 11. 5-Niveau-IRQC-Schema
$h\nu_S$ = Signalenergie, $h\nu_P$ = Pumpenergie,
$h\nu_F$ = Fluoreszenzenergie. Die Wellenlinien geben strahlungslose Übergänge an (nach ESTEROWITZ, SCHNITZLER, NOONAN, BAHLER)

Mit Hilfe der bereits erwähnten Bilanzgleichungen schätzten ESTEROWITZ, SCHNITZLER, NOONAN und BAHLER einige potentielle Leistungsparameter dieses idealen IRQC ab. Unter speziellen Bedingungen (Impulsbetrieb 77 °K) soll die Nachweisgrenze für die UR-Strahlung die äquivalente Rauschleistung des Empfängers (10^{-16} W für Photovervielfacher) unterschreiten können. Eine der ernstesten Begrenzungen der IRQC-Wirkung in den Ionen der Seltenen Erden, auf die sie sich bisher beschränkt, sind die geringen Übergangswahrscheinlichkeiten der Laporte-verbotenen 4f–4f elektrischen Dipolübergänge, so daß nur ein Bruchteil der einfallenden UR-Strahlung, wie auch der Pumpstrahlung absorbiert wird. Dieser Umstand trifft für alle IRQC-Systeme unabhängig vom speziellen System zu. Wie in der Lasertechnik versucht man das durch zusätzliche Dotierung mit einem Sensibilisator, der das IRQC-Schema möglichst wenig stören soll und einen großen Absorptionsquerschnitt aufweist, zu umgehen. Dafür haben sich Yb^{3+}-Ionen (siehe Fig. 9) als besonders geeignet erwiesen. Sie absorbieren, wie Figur 12 für den Fall CaF_2:Ho, Yb zeigt, in einer breiten UR-Bande im Bereich von 0,91 bis 0,99 μm. In einem Energieübertragungsprozeß, über dessen Natur gegenwärtig noch keine vollständige Klarheit besteht, wird die Anregungsenergie auf Ho^{3+}-Ionen übertragen. Auf diese Weise konnte z. B. in CaF_2:Ho die sichtbare Emission um 2 Größenordnungen erhöht werden (ESTEROWITZ, NOONAN, BAHLER).

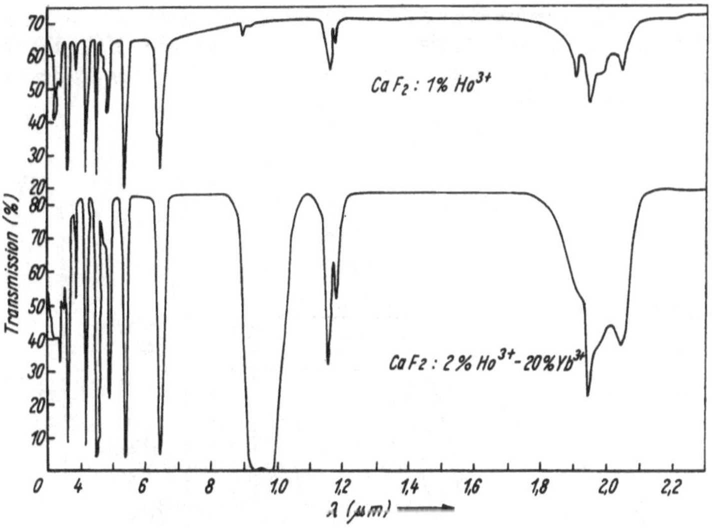

Fig. 12. Absorptionsspektrum von CaF_2: Ho (oben) und CaF_2: Ho, Yb (unten). Zu achten ist auf die starke breitbandige Absorption nahe 1 μm des Ytterbium coaktivierten CaF_2: Ho-Kristalles (nach ESTEROWITZ, NOONAN, BAHLER)

3.2. Frequenzwandler

In jüngster Zeit sind auf dieser Basis Frequenzwandler-Systeme für UR-Strahlung entwickelt worden, die keiner Hilfs-Pumpstrahlung wie beim IRQC-System bedürfen, dafür aber z. Z. noch an den Absorptionsbereich der Yb^{3+}-Ionen gebunden sind. Für technische Anwendungen ist günstig, daß beispielsweise siliziumdotierte GaAs-Laser mit einer Laserwellenlänge von 0,93 μm als UR-Signalquelle einsetzbar sind. Die dabei ablaufenden Prozesse lassen sich für den Fall Yb^{3+}, Er^{3+} in Y_3OCl_7 in Figur 13 erkennen. Die einfallende UR-Strahlung wird von den Yb^{3+}-Ionen absorbiert. Über einen Kreuzrelaxationsmechanismus wird die Anregungsenergie auf Er^{3+}-Ionen im Grundzustand übertragen und der 1. Anregungszustand erreicht. Übertragung weiterer Anregungsenergie hebt das Elektron weiter in höhere Anregungszustände, von denen es nach Relaxation unter Fluoreszenz in den Grundzustand zurückkehrt. Auf diese Weise führt eine Anregung über 2 Photonen zu einer Emission im Grünen und Roten, über 3 Photonen im nahen UV und über 4 Photonen zu einer Emission bei ca. 300 nm. Die Frequenz der einfallenden UR-Strahlung konnte maximal verdreifacht werden.

Dieses Prinzip einer „up conversion" hat auch schon eine praktische Anwendung gefunden. Im Jahre 1968 stellten GALGINAITIS und FENNER eine Lichtquelle vor, in der eine GaAs-Diode die grüne Emission des Er^{3+} in LaF_3 erzeugt. Die von JOHNSON und Mitautoren erprobten Systeme Y_3OCl_3: Yb^{3+},Er^{3+} und $BaYF_5$: Y^{3+},Er^{3+} übertreffen das System LaF_3: Yb^{3+},Er^{3+} in der Helligkeit um den Faktor 4 bzw. sogar um den Faktor 8. Diese Kombination eines UR-sensiblen Phosphors mit einer Lumineszenzdiode soll die gleiche Umwandlungsausbeute wie die grün emittierende GaP-Diode aufweisen, für die ein Wert von 0,1% angegeben wird. Bei noch besserer Anpassung der GaAs-Diode an den Absorptionsübergang des Yb^{3+} soll eine weitere Steigerung um 1 Größenordnung möglich sein.

In letzter Zeit wurden neue Systeme bekannt mit Ho^{3+} in Yb^{3+}-sensibilisiertem $LiYF_4$ (Watts) und mit Tm^{3+} in Yb^{3+}-sensibilisiertem YF_3 (Wittke, Ladany und Yocom) als aktive Ionen, die wir schon beim IRQC als prädestiniert kennengelernt hatten.

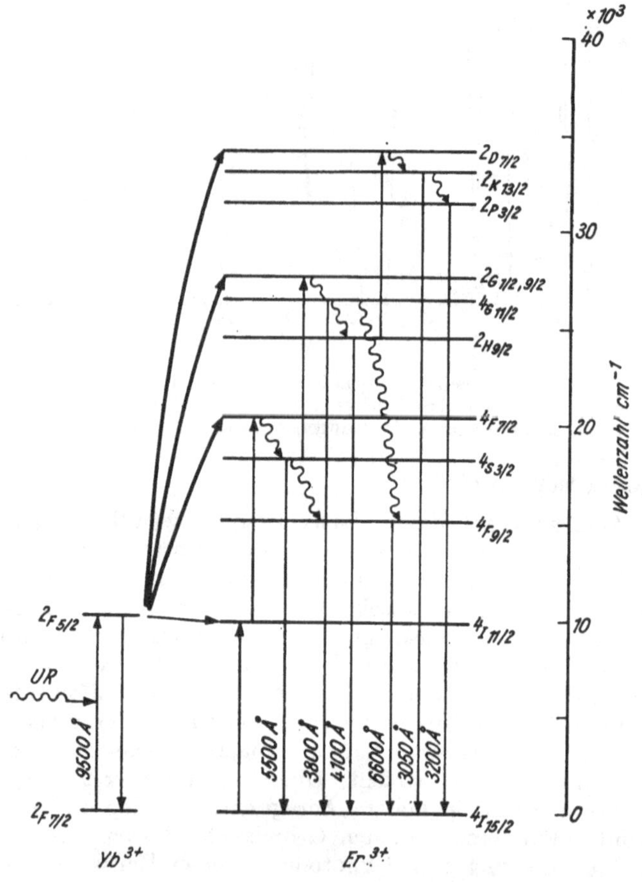

Fig. 13. Dynamik der UR-Umwandlung in sichtbare und UV-Strahlung im System Er^{3+}–Yb^{3} (nach Johnson, Geusic, Guggenheim, Kushida, Singh, van Uitert)

4. Schlußbemerkung

Zehn Jahre Untersuchungen über Mehrphotonen-Absorptionsprozesse in Kristallen haben ein umfangreiches Faktenmaterial erbracht, das theoretisch, insbesondere unter dem Gesichtspunkt der Nichtlinearen Optik, zunehmend verständlich wird. Dieses Arbeitsgebiet beansprucht von den Grundlagenuntersuchungen und den wissenschaftlichen wie technischen Anwendungen her gegenwärtig beträchtliches Interesse. Seine geschlossene Darstellung in einem im Umfang beschränkten Beitrag ist bereits nicht mehr möglich. So sei abschließend noch auf einige unausgeführte Aspekte der Mehrphotonen-Absorption in Kristallen hingewiesen, wie das optische Pumpen von Halbleiterlasern über 2-Photonen-Absorptionsprozesse (Basov), die Erzeugung von Farbzentren in Alkalihalogenidkristallen über eine durch eine 2-Photonen-Absorption ausgelöste Bildung von Excitonen (Geller, Altman, deTemple; Geller, deTemple, Taylor), die Ausnutzung des 2-Photonen-Absorptionseffektes für die optische Informationsspeicherung in Kristallen (Amodei, Roach; Amodei; Amodey, Bosomworth), kooperative Prozesse bei der Energiesummation in Kristallen (Feofilov, Ovsjankin; Patzer; Miyakawa, Dexter; Kingsley, Fenner, Galginaitis; Chicklis, Esterowitz; Hewes, Sarver, Shekhtman, Trifonov; Auzel; Auzel, Deutschbein), die Quantenzählspektroskopie an IRQC-aktiven kristallinen Medien (Brown, Strain) und die 2-Photonen-Spektroskopie unter Einfluß magnetischer Felder (Kubota).

Literaturverzeichnis

Amodei, J. J.: Physic. Rev. **188**, 1336 (1969)

Amodei, J. J. Bosomworth, D. R.: Appl. Optics **8**, 2473 (1969)

Amodei, J. J. Roach, W. R.: Physic. Rev. Letters **21**, 1434 (1968)

Arseniev, V. V., Dneprovsky, V. S., Klyshko, D. N., Penin, A. N.: Zurn. eksp. i teor. Fiz. **56**, 760 (1969)

Auzel, F.: C. R. Acad. Sci. (Paris) **262**, 1016 (1966)

Auzel, F., Deutschbein, O.: Z. Naturforsch. **24a**, 1562 (1968)

Axe, J. P.: Physic. Rev. **136**, A 42 (1964)

Bader, T. R., Gold, A.: Physic. Rev. **181**, 1369 (1969)

Bakumenko, W. L., Vlasov, A. N., Kovarskaja, E. S., Kosina, G. S. Favorin, V. N.: Zurn. eksp. i teor. Fiz. Pisma **2** (1), 27 (1965)

Basov, N. G.: Physics of Quantum Electronics, P. L. Kelly ed., New York 1966, S. 411

Bayer, E., Schaack, G.: phys. stat. sol. **34**, K115 (1969)

Bayer, E., Schaack, G.: phys. stat. sol. **41**, 827 (1970)

Bloembergen, N.: Physic. Rev. Letters **2**, 84 (1959)

Braunstein, R. B.: Physic. Rev. **125**, 475 (1962)

Braunstein, R. B. und Ockman, N.: Physic. Rev. **134**, A499 (1964)

Brown, N. R., Shand, W. A.: Physic. Rev. Letters **11**, 366 (1963)

Brown, M. R., Shand, W. A.: Physic. Letters **11**, 219 (1964) a

Brown, M. R., Shand, W. A.: Physic. Letters **8**, 19 (1964) b

Brown, M. R., Shand, W. A.: Physic. Rev. Letters **12**, 367 (1964) c

Brown, M. R., Shand, W. A.: Physic. Letters **18**, 95 (1965)

Brown, M. R., Shand, W. A.: IEEE Journ. Quant. Electronics **QE2**, 251 (1966)

Brown, M. R., Shand, W. A.: J. Physics C Ser. Ser. 2 **2**, 1908 (1969)

Brown, M. R., Shand, W. A., Whiting, J. S. S.: Brit. J. appl. Physics **16**, 619 (1965)

Brown, M. R., Strain, R. J.: J. appl. Physics **37**, 4806 (1966)

Brown, M. R., Roots, K. G., Shand, W. A.: J. Physics C Ser. 2 **2**, 593 (1969)

Chamberlain, J. R., Everitt, A. G. Orton, J. W.: J. Physics Ser. 2 **1**, 157 (1968)

Chicklis, E., Esterowitz, L.: Physic. Rev. Letters **21**, 1149 (1968)

Crosswhite, H. M., Crosswhite, H. ed.: Spectra and Energy Levels of Rare Earth Ions in Crystals New York, London, Sidney, Toronto (1968)

Ershov, B. V., Pimenov, Y. P., Prokhorov, A. M., Fedorov, V. B.: Sov. Phys. Solid State **10**, 1300 (1968)

Esterowitz, L., Noonan, J.: Appl. Physics Letters **7**, 281 (1965)

Esterowitz, L., Noonan, J.: Proc. of the Internat. Symp. on Luminescence München 1965, S. 299, München 1966)

Esterowitz, L., Noonan, J.: Appl. Physics Letters 11, 72 (1967) a
Esterowitz, L., Noonan, J. in Optical Properties of Ions in Crystals, ed. H. M. Crosswhite and H. W. Moos. New York, London, Sidney 1967b
Esterowitz, L., Noonan, J., Bahler, J.: Appl. Physics Letters 10, 126 (1967)
Esterowitz, L., Noonan, L., Schnitzler, A.: Journ. Quantum Electronics QE2, L II (1966) a
Esterowitz, L., Noonan, J., Schnitzler, A.: Appl. Physics Letters 8, 271 (1966) b
Esterowitz, L., Schnitzler, A., Noonan, J. Bahler, J.: Appl. Optics 7, 2053 (1968)
Galginatis, S. V., Fenner, G. E.: 2nd Internat. Gallium Arsenide Symp., Dalles (1968), S. 131
Gandrud, W. B., Moos, H. W.: IEEE J. Quantum Electronics QE-4, 249 (1968)
Geller, M., Altmann, D. E., deTemple, T. A.: Appl. Physics Letters 11, 221 (1961)
Geller, M., deTemple, T. A., Taylor, H. F.: Solid. State Communications 7, 1019 (1969)
Gold, A., Hernandez, J. P.: Physic. Rev. 139, A2002 (1965)
Göppert-Mayer, M.: Ann. Physic. 9, 273 (1931)
Gualtieri, J. G., deLhery, G. P., Aucoin, T. R. Pastore, J. R.: Appl. Physics Letters 11, 389 (1967)
Hellwege, K. H.: Naturwissenschaften 34, 15 (1947)
Hewes, R. A., Sarver, J. S.: Physic. Rev. 182, 427 (1969)
Hopfield, J. J., Worlock, J. M., Park, K.: Physic. Rev. Letters 11, 414 (1963)
Hopfield, J. J., Worlock, J. M.: Physic. Rev. Letters 18, 113 (1967)
Hopfield, J. J., Worlock, J. M.: Physic. Rev. 137, A1455 (1965)
Inoue, M., Toyozawa, Y.: J. Physic. Soc. Japan 20, 363 (1965)
Johnson, L. F., Geusic, J. E., Guggenheim, H. J., Kushida, T., Singh, S., van Uitert, L. G.: Appl. Physics Letters 15, 48 (1969)
Kaiser, W., Garrett, C. B. G.: Physic. Rev. Letters 7, 229 (1961)
Kingsley, J. D., Fenner, G. E., Galginaitis, S. V.: Appl. Physics Letters 15, 115 (1969)
Kielich, S.: Acta phys. polonica 30, 393 (1966)
Kleinman, D. A.: Physic. Rev. 125, 87 (1962)
Krupke, W. F.: IEEE J. Quantum Electronics QE1, 20 (1965)
Kubota, K.: J. Physic. Soc. Japan 29, 986 (1970)
Kubota, K.: J. Physic. Soc. Japan 29, 998 (1970)
Livanova, L. D., Saitkulov, I. G., Stolov, A. L.: Fiz. tverd. tela 11, 918 (1969)
Loudon, R.: Proc. Physic. Soc. 80, 952 (1962)
Lyalin, G. N., Solovev, L. E.: Dokl. Akad. Nauk SSSR 186, 73 (1969)
Mahan, G. D.: Physic. Rev. 170, 825 (1968)
Mahr, H.: in Physics of Color-Centers, ed. W. B. Fowler, New York, London 1968, S. 243
Minck, R. W., Terhune, R. W., Wang, C. C.: Proc. IEEE 54, 1357 (1966)
Miyakawa, T., Dexter, D. L.: Physic. Rev. B (Solid State) 1, 70 (1970)
Panizza, E.: Appl. Physics Letters 10, 265 (1967)
Patzer, K.: Optika i Spektroskopija 27, 954 (1969)
Porter, J. F.: J. appl. Physics 32, 825 (1961) a
Porter, J. F.: Physic. Rev. Letters 7, 414 (1961) b
Porter, J. F.: IEEE J. Quantum Electronics QE1, 113 (1965)
Pradere, F., Sacks, B., Mysyrowicz, A.: Opt. Communications 1, 234 (1969)
Prochorov, A. M.: Zurn. eksp. i teor. Fiz. 48, 1384 (1961)
Regensburger, P. J., Panizza, E.: Physic. Rev. 18, 113 (1967)
Richman, I., Chang, N. C.: Appl. Physics Letters 10, 218 (1967)
Riseberg, L. A., Gandrud, W. B., Moos, H. W.: Physic. Rev. 159, 262 (1967)
Shekhtman, V. L., Trifonov, E. D.: phys. stat. sol. 41, 85 (1970)

SINGH, S., GEUSIC, J. E.: Optical Properties of Ions in Crystals, New York–London–Sidney 1967, S. 483
TAMATANI, M., YOKOTA, K., NISHIMURA, T.: J. Physic. Soc. Japan **29**, 1099 (1970)
VARSANYI, F.: Physic. Rev. Letters **14**, 786 (1965)
WAFF, A. S., PARK, K.: Physic. Letters A **32**, 109 (1970)
WATTS, R. K.: J. Chem. Physics **53**, 3552 (1970)
WITTKE, J. P., LADANY, I., YOCOM, P. N.: Proc. IEEE **58**, 1283 (1970)
ZUBOV, B. V., KULEVSKII, L. A., MAKAROV, V. P., MURINA, I. M., PROKHOROV, A. M.: Zurn. eksp. i teor. Fiz. Pisma **9**, 211 (1969)

(Eingegangen am 15. Juli 1971)

Anschrift der Verfasser:
Prof. Dr. Dr. h. c. P. GÖRLICH
Dr. G. KÖTITZ
VEB Carl Zeiss JENA
69 Jena
Carl-Zeiß-Str. 1

Kristall und Technik	7	4	1972	387–393

Originalbeiträge

S. Budurov, N. Stojčev, I. Avramov

Kliment Ochridski-Universität Sofia
Institut für physikalische Chemie

Über das Wachstum von Rubidiumwhiskern aus der Gasphase

Will Kleber zum Gedenken

Es werden Rubidiumwhisker durch Kondensation aus der Gasphase gezüchtet und ihre Wachstumskinetik untersucht.

Bei kleinen Nadellängen wird eine exponentielle Zeitabhängigkeit der Nadellänge beobachtet, die bei größeren Längen in eine lineare übergeht. Die nach der Theorie von Dittmar und Neumann berechneten Nadelhalbmesser sind von der Größenordnung von 10^{-5} cm; für den mittleren Diffusionsweg im adsorbierten Zustand ergibt sich der Wert 72 ± 3 μm. Bei kleinen Längen wird eine exponentielle Verdampfung beobachtet.

Es wird experimentell eine Thomson-Gibbsche Dampfdruckerhöhung des Whisker festgestellt.

Путем конденсации из паровой фазы получены тонкие нитевидные кристаллы (вискеры) металлического рубидия и исследована кинетика их роста. Если длина вискеров мала по сравнению со средным диффузионным путем в адсорбированном состоянии ($l < \lambda_s$), обнаружена экспоненциальная зависимость длины нитевидного кристалла от времени, которая переходит в линейную когда l становитсья больше λ_s. С помощью предельных случаев уравнения Диттмара и Ноймана вычислены толщины нитевидных кристаллов, которые оказались порядка 10^{-5} см и средный диффузионный путь адсорбированных атомов на поверхности кристаллического уса $\lambda_s = 72 \pm 3$ μm.

Экспериментально доказано наличие Томсон-Гиббсовского повышения давления паров над тонкими нитевидными кристаллами, которые в отсуствии пересыщения медленно испаряются, укорачиваясь в длину.

1. Einleitung

Das Wachstum nadelförmiger Kristalle (Whisker) ist von besonderem Interesse für die Theorie und Praxis der Kristallzüchtung.

Solche Untersuchungen an dünnen, schnellwachsenden kristallinen Quecksilbernadeln und Plättchen sind noch von Volmer u. Esterman durchgeführt worden. Diese Autoren stellten fest, daß ihre Nadeln und Plättchen mit 2 bis 3 Größenordnungen schneller wachsen, als es nur infolge direkter Kondensation aus der Gasphase sein sollte, was sie auf den Einfluß der Oberflächendiffusion adsorbierter Atome zurückführen. Sears untersuchte theoretisch und experimentell die Wachstumskinetik dünner Whisker aus der Gasphase und leitete Gleichungen für die Wachstumsgeschwindigkeit kurzer und langer Nadeln ab.

Die Bildung schnellwachsender Kaliumwhisker aus der Dampfphase ist zum ersten Mal von NEUMANN und HOCK beobachtet worden. DITTMAR und NEUMANN haben die Wachstumskinetik dieser Nadeln eingehend theoretisch und experimentell untersucht. Der Wachstumskinetik von Kaliumwhisker sind auch die Arbeiten von PARKER und HARDY und von PARKER, ANDERSON und HARDY gewidmet.

Der DITTMAR-NEUMANNschen Berechnung der Nadelwachstumsgeschwindigkeit liegen folgende Annahmen zugrunde: Die Whisker bilden sich auf Gitterstörungen der Unterlage, die sich als eine axiale Schraubenversetzung in die Nadeln fortsetzen. Die Seitenflächen der Whisker verhalten sich wie versetzungsfreie Flächen und sind folglich nur oberhalb einer kritischen Übersättigung imstande durch zweidimensionale Keimbildung zu wachsen. Unterhalb dieser kritischen Übersättigung findet auf den Seitenflächen nur eine Adsorptionswechselwirkung mit der Gasphase und eine Oberflächendiffusion zur wachstumsfähigen Nadelspitze statt, die als eine Diffusionssenke wirkt. Auf der Grundlage einer stationären Diffusionsaufgabe leiteten DITTMAR und NEUMANN folgende Gleichung für die Wachstumsgeschwindigkeit $\frac{dl}{dt}$ (l = Nadellänge) von Nadeln mit einem Halbmesser r ab:

$$\frac{dl}{dt} = A\left(1 + \frac{2\lambda_s}{r} t h \frac{l}{\lambda_s}\right) \tag{1}$$

Bei dünnen, langen bzw. dünnen, kurzen Nadeln im Vergleich zur Größe λ_s ergeben sich aus (1) die Grenzwerte:

$$l = \frac{2A\lambda_s}{r} t + \text{const} \quad \text{für lange Nadeln und} \tag{2}$$

$$\ln l = \frac{2A}{r} t + \text{const}' \quad \text{für kurze Nadeln.} \tag{3}$$

Hier ist A die lineare Wachstumsgeschwindigkeit nur infolge direkter Kondensation, die bei bekannter Übersättigung molekularkinetisch berechnet werden kann, λ_s der mittlere Diffusionsweg der Adatome, t die Zeit. Beim Kombinieren der Steigung der entsprechenden Geraden $\frac{d \ln l}{dt}$ (3) bei kleinen und $\frac{dl}{dt}$ (2) bei großen l-Werten, gemessen an einer bestimmten Nadel, lassen sich die Größen r und λ_s bestimmen.

Eine allgemeinere, von SIMMONS und CORRIELL durchgeführte nichtstationäre Diffusionsberechnung der Whiskerwachstumskinetik führt zur Schlußfolgerung, daß die Ergebnisse der stationären Berechnung ziemlich gut mit denjenigen von SIMMONS und CORRIELL zusammenfallen.

Soweit es uns bekannt ist, sind bisher Rubidiumwhisker nicht erhalten worden. Die vorliegende Arbeit befaßt sich mit der Züchtung, Wachstums- und Verdampfungskinetik von Rubidiumwhiskern aus der Gasphase.

2. Versuchsdurchführung

Die Züchtungsversuche und das Studium der Wachstumskinetik der Rubidiumwhisker erfolgte in evakuierten Glasampullen (Fig. 1), die schon früher von NEUMANN u. Mitarbeiter für solche Zwecke benutzt worden sind.

Vor dem Füllen der Ampullen entgasten wir alle Glasteile der Apparatur bei 400 °C unter dynamischem Vakuum (besser als 10^{-5} Torr) im Laufe von 8 Stunden. Das metallische Rubidium stellten wir aus RbCl und Ca bei 600 °C in einer sich in der Apparatur befindenden Eisenröhre her. Das Metall wurde nachher durch dreifache Destillation bei 200 °C gereinigt, im geschmolzenen Zustand in die Versuchsampulle eingeführt und diese abgeschmolzen.

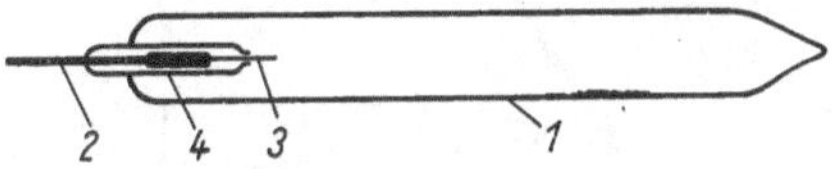

Fig. 1. Schema der Versuchsampulle

1 – Glasampulle mit metallischem Rubidium; *2* – Wolframdraht (⌀ = 1 mm); *3* – Silberdraht (⌀ = 0,2 mm); *4* – Schutzröhrchen, das die Kondensation von Rubidium auf den Wolframdraht verhindert

Die Ampullen montierten wir in einen zylinderförmigen Heizmantel, der es gestattete, mit Hilfe von temperiertem Wasser aus Ultrathermostaten zwei Temperaturen konstant zu halten: die des Rubidiumbodenkörpers (T_1) und eines in die Ampulle eingeführten Wolframdrahtes (T_s), der in einen Silberdraht endete (Fig. 1). Die Temperatur des Silberdrahtes entsprach der Temperatur des temperierenden Wassers.

Um mechanische Spannungen und Verformungen der Whisker möglichst auszuschließen, blieb die Nadeltemperatur T_s im Laufe aller Messungen unverändert.

Die Übersättigung legten wir fest, indem wir den Rubidiumbodenkörper in der Ampulle bei verschiedenen konstanten Temperaturen T_1 und konstanter Nadeltemperatur T_s hielten. Als Maß der Übersättigung diente das Verhältnis

$$s = \ln \alpha = \ln \frac{p_\infty(T_1)}{p_\infty(T_s)}$$

wo $p_\infty(T_1)$ und $p_\infty(T_s)$ die Gleichgewichtsdampfdrucke bzw. Sublimationsdrucke des Rubidiums bei den Temperaturen T_1 und T_s sind.

Unsere Versuche führten wir bei Übersättigungsverhältnissen α zwischen 2 und 100 und bei Temperaturen der Silberunterlage von 5° bis 26 °C. Die ersten Nadeln erschienen gewöhnlich 2–5 Stunden nach dem Anlegen einer bestimmten Übersättigung. Wegen den Gettereigenschaften der Alkalimetalle wurde nach Vorversuchen der Partialdruck der Restgasspuren in den Versuchsampullen mit kleiner als 10^{-8} Torr angenommen.

Es wurden auch Versuche durchgeführt, Whisker auf großen, durch Sublimation erhaltenen Rubidiumkristallen zu züchten, die leider aber erfolglos verliefen, was auf eine wesentliche Rolle der Unterlage für die Whiskerbildung hinweist. Hingegen erhielten wir Whisker auf den Glasteilen der Ampullen im Temperaturgradientenofen.

Die meisten Kristallnadeln waren so dünn, daß lichtmikroskopisch bei einer 100fachen Vergrößerung nur ein Beugungsbild in Reflexion zu sehen war, dessen Länge es gestattete, die Nadellänge genau zu messen; die Nadeldicke war aber auf diese Weise experimentell nicht zugänglich. Die Whiskerlängen maßen wir mit Hilfe eines Okularmikrometers, dessen Skalenteilung 1,14 μm betrug; die Messungen begannen bei Längen größer als 20 μm.

3. Diskussion der Ergebnisse

Es wurden kinetische Messungen an etwa 150 Rubidiumnadeln durchgeführt. Die Figuren 2 und 3 zeigen die typische zeitliche Abhängigkeit der Länge zweier Nadeln $l = l(t)$. Charakteristisch für diese $l(t)$-Kurven ist ein exponentieller

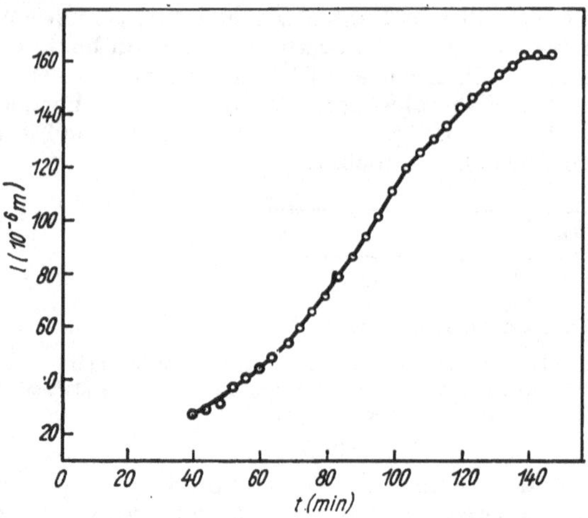

Fig. 2. l/t-Kurve bei Whisker Nr. 16. Nadeltemperatur 17 °C, Übersättigungsverhältnis $\alpha = 3{,}7$

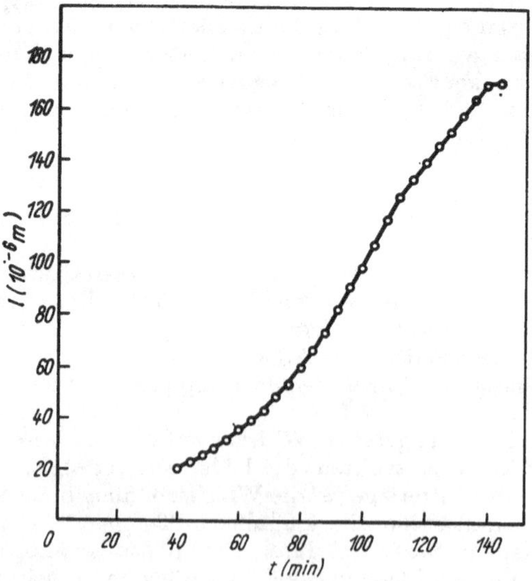

Fig. 3. l/t-Kurve bei Whisker Nr. 22. Nadeltemperatur 17 °C, Übersättigungsverhältnis $\alpha = 3{,}7$

Verlauf bei kleinen und ein linearer Verlauf bei großen Längen. Diese Daten benutzten wir bei kleinen Längen zur Darstellung in Koordinaten ln l/t (Fig. 4 und 5), wobei sich in Übereinstimmung mit Gleichung (3) Geraden ergaben. Die aus der Steigung dieser Geraden $\frac{d \ln l}{dt}$ berechneten Nadelhalbmesser variierten von 1,6 bis $7 \cdot 10^{-5}$ cm. Hier möchten wir darauf hinweisen, daß die Dicken der von DITTMAR und NEUMANN und von PARKER und HARDY untersuchten Kaliumwhisker von derselben Größenordnung sind. Die erhaltenen, bei kleinen Längen exponentiell verlaufenden l/t-Kurven können nach einer theoretischen Berechnung von RUTH und HIRTH als Beweis dafür dienen, daß ein Adatomenfluß von der Unterlage zum wachsenden Whisker fehlt, d. h. daß die Annahmen von DITTMAR und NEUMANN erfüllt sind.

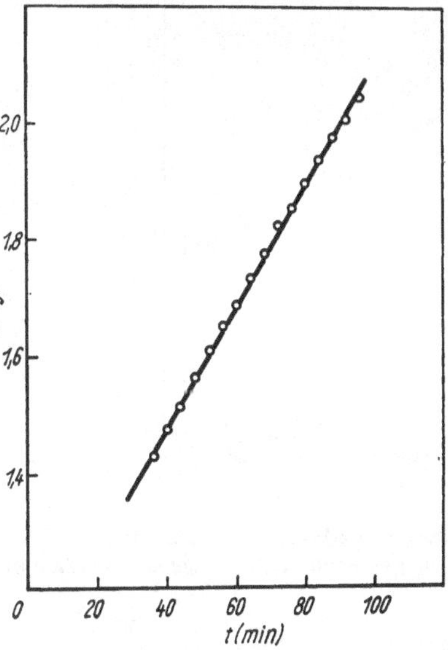

Fig. 4. ln l/t-Kurve von Whisker Nr. 16 bei kleinen Längen

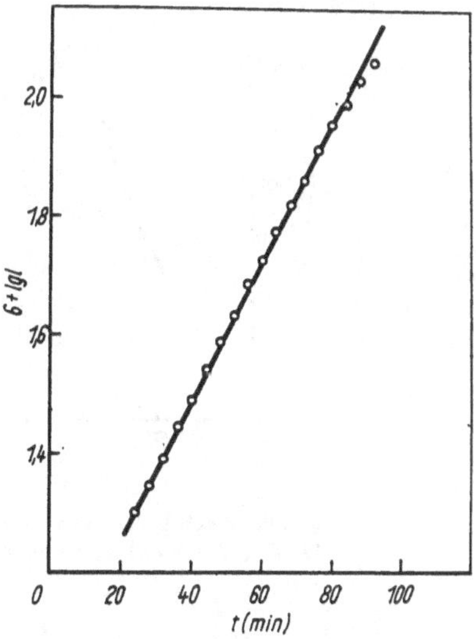

Fig. 5. ln l/t-Kurve von Whisker Nr. 22 bei kleinen Längen

Für den mittleren Diffusionsweg eines Adatoms λ_s ergaben sich nach der Formel

$$\lambda = \frac{\left(\frac{dl}{dt}\right)_{\text{große Längen}}}{\left(\frac{d \ln l}{dt}\right)_{\text{kleine Längen}}}$$

Werte zwischen 70 und 80 μm. PARKER, ANDERSON und HARDY nehmen an, daß der exponentielle Verlauf der l/t-Kurven bei Längen $l = \lambda_s$ in einen linearen übergeht, wobei sie die Größe λ_s aus dem Übergangsintervall der Experimentalkurven bestimmen. Die von uns berechneten λ_s-Werte fallen sehr gut mit den nach der Methode von PARKER, ANDERSON und HARDY bestimmten λ_s-Werten, sowie auch mit ihren Ergebnissen bei Kaliumwhiskern zusammen.

An dieser Stelle möchten wir noch darauf hinweisen, daß fast alle kinetischen l/t-Kurven außer dem exponentiellen und linearen Verlauf einen Knickpunkt bei Längen größer als λ_s und einen zweiten linearen Verlauf aufwiesen. Soweit uns bekannt ist, ist diese Erscheinung bisher in der Literatur nicht beschrieben worden, und sie macht offensichtlich eine weitere experimentelle und theoretische Untersuchung erforderlich.

Wir führten auch Verdampfungsversuche an Rubidiumwhiskern bei definierten Untersättigungen durch. Figur 6 zeigt die zeitliche Längenänderung einer

Nadel beim Wachstum und bei der Verdampfung. Interessant ist der Befund, daß die schnelle Verdampfung bei kleinen Nadellängen exponentiell mit der Zeit verläuft, was zum ersten Mal an Kaliumwhiskern von Parker, Anderson und Hardy beobachtet worden ist.

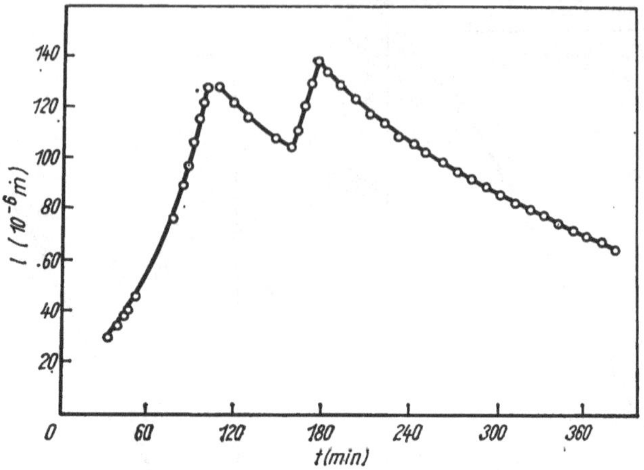

Fig. 6. Wachstums- und Verdampfungskurven bei Whisker Nr. 15. Nadeltemperatur 17 °C und Bodenkörpertemperaturen beim Wachstum 28,8 °C, bei der Verdampfung 14,7 °C

Da die untersuchten Nadeln relativ dünn sind, ist eine Thomson-Gibbssche Dampfdruckerhöhung bei diesen Whiskern zu erwarten. Tatsächlich stellten wir solche Effekte experimentell fest: bei längerem Tempern der Whisker und des Bodenkörpers bei ein und derselben konstanten Temperatur nahmen die Nadeln meßbar an Länge ab. Unter der Annahme, daß die Verdampfungsgeschwindigkeit proportional der Differenz $p_r(T) - p_\infty(T)$ ist, mit $p_r(T)$ als Dampfdruck einer zylinderförmigen Nadel mit dem Halbmesser r, berechneten wir die Thomson-Gibbssche Dampfdruckerhöhung und daraus mit Hilfe der Thomson-Gibbsschen Gleichung die spezifische freie Oberflächenenergie der Rubidiumkristalle σ. Diese Versuche führten der Größenordnung nach zu vernünftigen σ-Werten, die aber stark streuten infolge der Proportionalität der Größe σ mit dem Ausdruck $\ln \frac{p_r}{p_\infty}$, der bei $p_r \approx p_\infty$ durch die Näherungsformel

$$\ln \frac{p_r}{p_\infty} \approx \frac{p_r}{p_\infty} - 1$$

ausgedrückt werden kann.

Die Anregung zur vorliegenden Arbeit gab ein längeres Spezialstudium des einen von uns (S. B.) als Forschungsstipendiat der Alexander von Humboldt-stiftung am physikalisch-chemischen Institut der Justus von Liebig Universität Gießen. Herrn Prof. Dr. K. Neumann und Herrn Prof. Dr. W. Dittmar aus diesem Institut möchten wir auch an dieser Stelle herzlichst für fördernde Diskussionen danken.

Literatur

DITTMAR, W., NEUMANN, K.: Z. Elektrochem. **61**, 70 (1957) und **64**, 297 (1960); Naturwissenschaften **42**, 510 (1955); in Growth and Perfection of Crystals. New York 1959, p. 121

NEUMANN, K., HOCK, F.: Chem. Ber. **86**, 1141 (1953); Z. physik. Chem. N.F. **2**, 2411 (1954)

PARKER, R. L., ANDERSON, R. L., HARDY, S. C.: Appl. Physics Letters, **3**, 93 (1963)

PARKER, R. L., HARDY, S. C.: J. Chem. Physics **37**, 1606 (1962)

RUTH, V., HIRTH, P.: J. Chem. Physics **41**, 3139 (1964)

SEARS, G. W.: Acta Metallurg. **3**, 361, 367 (1955); J. Chem. Physics **25**, 637 (1956)

SIMMONS, J., CORRIELL, S. R.: J. appl. Phys. **39**, 3459 (1968); J. Physic. Chem. Solids Suppl. 1255 (1967)

VOLMER, M., ESTERMANN, L.: Z. Physik **7**, 13 (1921)

(Eingegangen am 22. Juli 1971)

Anschrift der Verfasser:

Dozent Dr. S. BUDUROV
N. STOJČEV
I. AVRAMOV
Kliment Ochridski-Universität, Sofia
Institut für physikalische Chemie
Sofia

Kristall und Technik	7	4	1972	395–402

W. NICOLAUS, V. A. VORONIN, E. SEIDOWSKI

Sektion Chemie, Bereich Kristallographie der Karl Marx Universität Leipzig
Polytechnische Hochschule Lwow, UdSSR

Berechnung der Übersättigung bei der Kristallisation von InAs aus der Gasphase

Es wird gezeigt, daß unter den Bedingungen der Durchführung von Versuchen zur Züchtung von InAs-Einkristallen aus der Gasphase die partielle Übersättigung des Indium-Monojodids, die der Differenz der Partialdrücke des Indium-Monojodids im Lösungs- und Kristallisationsraum entspricht, als quantitativer Parameter des Kristallisationsprozesses angenommen werden kann, der Voraussagen über diesen und über Ergebnisse in einem großen Bereich vorgegebener Bedingungen gestattet.

Die Ergebnisse durchgeführter Versuche zur Kristallisation des InAs aus der Gasphase unterstützen die Aussagen, die auf der Grundlage einer quantitativen Analyse des Transportprozesses gemacht wurden. Die dargelegte Untersuchungsmethode gibt die Möglichkeit, die Parameter der Kristalle beim chemischen Transport zu steuern.

It is proved that under experimental conditions for the growing of InAs crystals from the vapour phase the partial supersaturation of indium monoiodide corresponding to the difference of partial pressure of $InJ_{(g)}$ in the source and in the crystallisation zones, can serve as a quantitative process parameter granting predictions on process development and results in a wide range of ruling conditions.

Experiments confirmed the conclusions postulated on the base of quantitative analysis of the transport process. The analysis enables to controll the process parameters of crystal growth by chemical transport.

1. Einführung

Die Übersättigung ist eine Grundgröße, von der die Kristallisationsgeschwindigkeit, der Vollkommenheitsgrad und die Morphologie der erhaltenen Einkristalle wesentlich abhängen. Daher besteht bei Versuchen zur Kristallisation aus der Gasphase mit Hilfe chemischer Transportreaktionen besonderes Interesse daran, die Abhängigkeit der Kristallisationsbedingungen von der Höhe der Übersättigung zu ermitteln.

Die chemische Reaktion kompliziert zusätzlich den Kristallisationsprozeß, der ja als Ergebnis der Reaktion Verbindungen ergibt, die nicht im Ausgangsmaterial vorhanden sind (GIVARGIZOV; KUZNEZOV, SIDOROV, MARONČUK).

Die letzteren drücken die Übersättigung bzw. den Grad der Abweichung des Systems vom Gleichgewicht bei konstantem Druck und konstanter Temperatur durch die Änderung des thermodynamischen Potentials aus:

$$\Delta G = RT\,[\ln \Pi_i - \ln K_p(T_2)] = RT \ln \frac{\Pi_i}{K_p(T_2)} \tag{1}$$

Π_i ist das Produkt der Partialdrücke der gasförmigen Komponenten im Lösungsraum.

Die Übersättigung gibt, so definiert, eine thermodynamische Charakteristik nicht nur des Zustandes des Systems, sondern auch des Kristallisationsprozesses, der das System ins Gleichgewicht bringt, und ist ein Maß der maximal möglichen Arbeit, die das vorliegende übersättigte System zu leisten im Stande ist.

GIVARGIZOV schlägt vor, die Übersättigung in folgender Weise als dimensionslose Größe auszurechnen:

$$S = \frac{1}{RT} \cdot \Delta G = \ln \frac{\Pi_i}{K_p(T_2)} \tag{2}$$

Die so definierte Übersättigung hängt nicht nur von der Jodkonzentration im System ab. D. h., daß die Abscheidungsgeschwindigkeit der festen Phase nicht eindeutig mit ihr verknüpft ist und somit auch die Morphologie der Kristalle und Übersättigung nicht direkt in Zusammenhang gebracht werden können.

KUZNEZOV drückt die Übersättigung für Prozesse, die im kinetischen Bereich ablaufen, in folgender Weise aus:

$$\sigma_p = \exp\left[m \frac{\Delta H}{R} \frac{T_1 - T_2}{T_1 \cdot T_2}\right] - 1\,, \tag{3}$$

wobei m die Ordnung der Reaktion, ΔH die Änderung der Reaktionsenthalpie ist.

Es muß darauf hingewiesen werden, daß in diesem Fall die Übersättigung keine Funktion des Transportstromes und der Menge des transportierten Stoffes ist, und deshalb nicht zur Charakterisierung von Prozessen, die nicht im kinetischen Bereich ablaufen, benutzt werden kann.

Zur genauen Berechnung der Übersättigung muß der Gleichgewichtsdruck über dem wachsenden Kristall bekannt sein, der möglicherweise experimentell bestimmt werden könnte. Jedoch scheitert eine solche Methode zur Bestimmung des Gleichgewichtsdruckes einzig und allein an technischen Schwierigkeiten der Verwirklichung eines entsprechenden Versuches.

Die Berechnung der Übersättigung nach Formeln, die mit Hilfe der Theorie des Kristallwachstums hergeleitet wurden, ist ebenfalls nicht möglich wegen der Anzahl von Parametern, die den Oberflächenzustand charakterisieren und die unbedingt unabhängig definiert werden müssen (MANDEL 1964).

Die Variante der Bestimmung der Übersättigung durch Vergleich der experimentellen Wachstumsgeschwindigkeiten und die Berechnung in einer „Quasigleichgewichts"-Näherung kann ebenfalls nicht als ausreichend genau bezeichnet werden (MANDEL 1962).

In Fällen, in denen der Prozeß durch den Transport in der Gasphase begrenzt wird, beträgt die Übersättigung Bruchteile von Prozenten (ALEXANDROV, SIDOROV). Es ist verständlich, daß unter solchen Bedingungen ein Vergleich von berechneten mit experimentellen Werten wenig sinnvoll ist, da die Genauigkeit der Berechnung der Transportgeschwindigkeiten infolge der Unbestimmtheit der Diffusionskoeffizienten und der thermodynamischen Ausgangswerte im Bereich von einigen zehn Prozent liegt.

Somit sind also die betrachteten Wege zur Definition der Übersättigung nicht anwendbar oder können wegen fehlender Werte zur Berechnung nicht gegangen werden.

2. Vorschlag zur Berechnung der Übersättigung

Es ist jedoch möglich, zur Berechnung der Übersättigung eine Formel, analog der Übersättigungsformel für Phasenübergänge, anzuwenden:

$$\beta = \frac{P - P_{Gl}}{P_{Gl}} \tag{4}$$

(Gl = Gleichgewicht).
Die so ausgedrückte Übersättigung ist ein Maß für die zur Kristallisation fähige Stoffmenge.

$$N_{InAs} = n_{InAs} - n_{InAs(Gl)} \tag{5}$$

Hier ist n_{InAs} die InAs-Menge, die aus einem sich nicht im Gleichgewicht befindenden System auskristallisieren kann. $n_{InAs(Gl)}$ ist die InAs-Menge, die aus einem sich im Gleichgewicht befindendem System auskristallisieren kann. Entsprechend der Gleichung der Transportreaktion

$$2\ InAs_{(fest)} + InJ_{3(gasf.)} \rightleftarrows 3\ InJ_{(gasf.)} + \tfrac{1}{2}\ As_{4(gasf.)} \tag{6}$$

folgt:

$$\begin{aligned} n_{InAs} &= 3/2\ n_{InJ} \\ n_{InAs(Gl)} &= 3/2\ n_{InJ(Gl)} \end{aligned} \tag{7}$$

Somit ist die Differenz der Partialdrücke im Lösungs- und Kristallisationsraum ein geeigneter Parameter, der mit Erfolg die Rolle eines steuernden Faktors für den Kristallisationsprozeß spielen kann, da dieser Druck von allen Parametern der Kristallisation abhängt und man ihn mit ihrer Hilfe vorgeben kann. Die in dieser Form dargestellte Übersättigung wird von Magamedov partielle Übersättigung genannt. Die partielle Übersättigung, geschrieben als:

$$\Delta P = P_{11} - P_{12} \tag{8}$$

ist analog der absoluten Gesamtübersättigung, jedoch in der Form:

$$\beta = \frac{P_{11} - P_{12}}{P_{12}} = \frac{\Delta P}{P_{12}} \tag{9}$$

analog der relativen Gesamtübersättigung. Hier sind:

P_{11} — partieller Gleichgewichtsdruck des $InJ_{(gasf.)}$ im Lösungsraum (aus Experimentalwerten definiert),

P_{12} — partieller Gleichgewichtsdruck des $InJ_{(gasf.)}$ im Kristallisationsraum (abhängig von der Temperatur im Kristallisationsraum, vom Partialdruck des Jods, von der Enthalpie und Entropie der Reaktion).

Außerdem bestimmt die Größe ΔP nach Schäfer eindeutig die in der Zeiteinheit aus dem Lösungs- in den Kristallisationsraum transportierte Stoffmenge. Im allgemeinen ist die Menge des transportierten Stoffes:

$$m = \Delta P(T_1, T_2, \Delta G, C_{J_2}) \cdot f \tag{10}$$

eine Funktion von ΔP und des Faktors f, der der Geschwindigkeit des Transportstromes proportional ist.

Die gefundenen Abhängigkeiten der Partialdrücke ermöglichen unter der Bedingung, daß sich sowohl im Lösungs- als auch im Kristallisationsraum Gleichgewicht einstellt, die partielle Übersättigung nach (8) und (9) zu bestimmen.

3. Experimentelle Bestätigung

In Figur 1 sind die Temperaturabhängigkeiten der partiellen Gleichgewichtsdrücke des $InJ_{(gasf.)}$ für drei verschiedene Jodkonzentrationen, die aus Meßwerten des Gesamtdruckes im System $InAs-J_2$ gewonnen wurden, dargestellt. Diese Abhängigkeiten wurden durch eine Untersuchung des heterogenen Gleich-

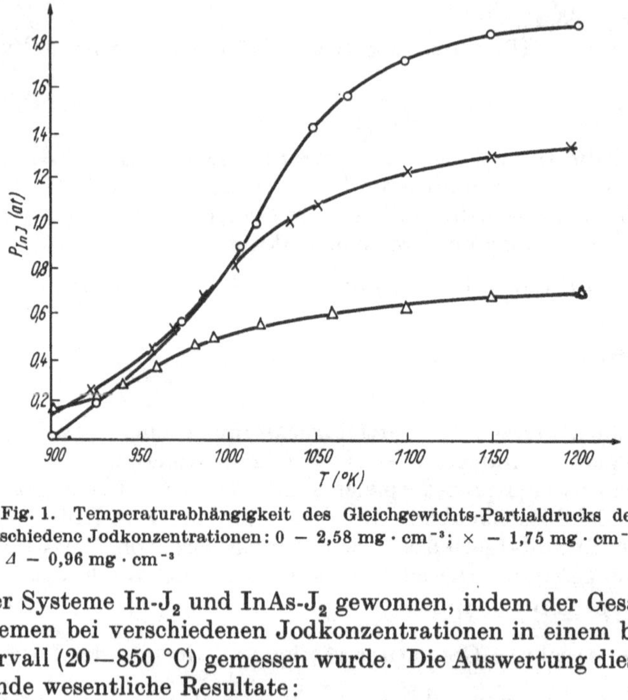

Fig. 1. Temperaturabhängigkeit des Gleichgewichts-Partialdrucks des InJ für verschiedene Jodkonzentrationen: 0 — 2,58 mg · cm⁻³; × — 1,75 mg · cm⁻³; Δ — 0,96 mg · cm⁻³

gewichts der Systeme $In-J_2$ und $InAs-J_2$ gewonnen, indem der Gesamtdruck in diesen Systemen bei verschiedenen Jodkonzentrationen in einem breiten Temperaturintervall (20—850 °C) gemessen wurde. Die Auswertung dieser Versuche ergab folgende wesentliche Resultate:

1. Bestätigung der postulierten Transportreaktion (6)
2. Das Ausgangs-InAs stellt die einzige kondensierte Phase im System dar
3. Durch Lösung eines Gleichungssystems bei gegebener Jodkonzentration, Temperatur, gegebenem Gesamtdruck und unter der Bedingung der Stöchiometrie des InAs (Rechner Minsk-2) wurde die Temperaturabhängigkeit der Partialdrücke und daraus die Temperaturabhängigkeit der Gleichgewichtskonstanten der Reaktion (6) bestimmt.

In Figur 1 ist zu erkennen, daß bei Temperaturen unter 950 °K der partielle Druck des $InJ_{(gasf.)}$ kaum von der Temperatur abhängt, mit größer werdender Temperatur jedoch der Einfluß der Jodkonzentration auf den Gesamtdruck wächst.

Der Vollständigkeitsgrad der Reaktion α (Anteil der sich bildenden Produkte) wurde für verschiedene Jodkonzentrationen aus dem Verhältnis

$$\alpha = P_{InJ}/3P_{InJ_3} \quad (11)$$

berechnet. Außerdem wurde für einige Jodkonzentrationen die Änderung des Vollständigkeitsgrades der Reaktion (ALEXANDROV, SIDOROV) berechnet (Fig. 2):

$$\Delta\alpha = \alpha(T_1) - \alpha(T_2) \quad (12)$$

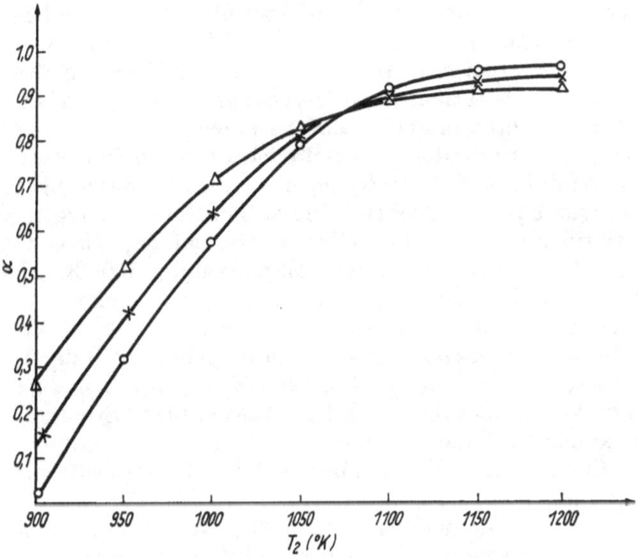

Fig. 2. Temperaturabhängigkeit des Vollständigkeitsgrades α der Transportreaktion (6) für Jodkonzentrationen wie in Figur 1

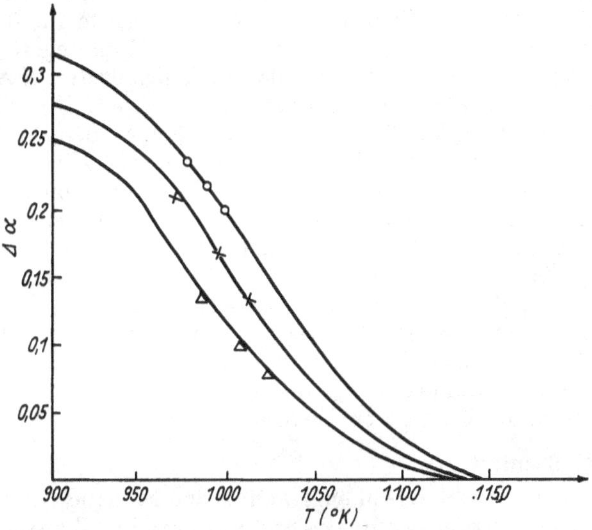

Fig. 3. Änderung des Vollständigkeitsgrades der Transportreaktion (6) für Jodkonzentrationen wie in Figur 1

Die Analyse der angeführten Abhängigkeiten zeigte, daß der Vollständigkeitsgrad der Reaktion über 1100 °K praktisch unabhängig von der Temperatur und der Jodkonzentration ist, da sich bei diesen Temperaturen der Gleichgewichtsdruck des $InJ_{(gasf.)}$ seinem Ausgangsdruck im Lösungsraum nähert und der partielle Gleichgewichtsdruck des $InJ_{3(gasf.)}$ vernachlässigbar klein wird.

Es ist allgemein bekannt, daß die strukturelle Vollkommenheit der Kristalle bei im übrigen gleichen Bedingungen um so höher ist, je konstanter der Stoffzustrom zum wachsenden Kristall ist, der in erster Linie von den Temperaturverhältnissen in der Reaktionsampulle abhängt. In der Praxis gelingt es nicht immer, die Temperaturen in den Reaktionsräumen mit genügender Genauigkeit zu bestimmen und einzuhalten. Deshalb wäre es wünschenswert, die Kristallisation so durchzuführen, daß Änderungen von $\Delta\alpha$ bei Schwankungen der mittleren Temperatur minimal blieben. Dieser Forderung genügen Temperaturen des Kristallisationsraumes in der Nähe der Maxima der Kurven.

Wie in Figur 3 zu sehen, liegen diese Maxima unter 900 °K. Bei diesen Temperaturen findet die Kristallisation bei starker Übersättigung im Kristallisationsraum (Fig. 4) statt, was zur Bildung einer großen Anzahl kleiner Kristalle führt. Um die Bildung kleiner Kristalle zu umgehen, muß die Temperatur des Kristallisationsraumes in dem Abschnitt der Kurve liegen, in dem die Änderung des Vollständigkeitsgrades der Reaktion (ALEXANDROV, SIDOROV) stark von der Temperatur abhängt. Somit muß zur Herstellung vollkommener InAs-Monokristalle in diesem Falle die Temperatur des Kristallisationsraumes streng stabilisiert werden.

In Figur 5 ist die Temperaturabhängigkeit der absoluten partiellen Übersättigung, die nach Formel (8) für einige Jodkonzentrationen berechnet wurde, dargestellt. Wie daraus zu ersehen ist, wird für verschiedene Jodkonzentrationen ein und dieselbe Übersättigung der Gasphase gegenüber dem wachsenden Kristall bei verschiedenen Temperaturen erreicht; der höheren Temperatur entspricht die größere Jodkonzentration. Schlußfolgerung: Versuche mit hoher Konzentration des Transportmittels müssen bei höheren T_1 und T_2 durchgeführt werden.

Weiterhin wurde in dieser Untersuchung die Abhängigkeit der relativen partiellen Übersättigung von der Kristallisationstemperatur bei $\Delta T = 25°$ für verschiedene Konzentrationen des Transportmittels (Fig. 4) berechnet. Da die Bildungsgeschwindigkeit der Kristallkeime stark mit der Übersättigung ansteigt, muß zur Züchtung großer Einkristalle die Kristallisation bei möglichst niedrigen Übersättigungen erfolgen. Wie aus Figur 4 ersichtlich, darf zur Erfüllung dieser Bedingung T_2 nicht weniger als 1050 bis 1080 °K betragen.

Bei genügend großen Übersättigungen — oberhalb eines bestimmten Maximums, bei dem eine spontane Kristallisation einsetzt — kann ein Übergang zum polykristallinen Wachstum beobachtet werden. In Verbindung mit der deutlichen Tendenz zu steigender Übersättigung bei fallender Kristallisationstemperatur muß eine bestimmte Temperatur existieren, unterhalb der polykristallines Wachstum des InAs zu beobachten ist.

4. Schlußbemerkung

Somit gestatten die angeführten Abhängigkeiten der partiellen Übersättigung und des Vollständigkeitsgrades der Reaktion die notwendige Zusammensetzung der Gasphase gegenüber dem wachsenden Kristall bewußt auszuwählen. Bei entsprechender Auswahl der Reaktionstemperatur T_1 und T_2 und der Jodkonzentration kann man die Abweichung vom chemischen Gleichgewicht in der Nähe der wachsenden Keime einerseits genügend klein machen, um polykristallines Wachstum auszuschließen, und gleichzeitig genügend groß, um das Wachsen von Kristallen zu bewirken. D. h., das beschriebene Verfahren ermöglicht die Wahl der notwendigen Kristallisationsbedingungen in einem größeren experimentellen Bereich.

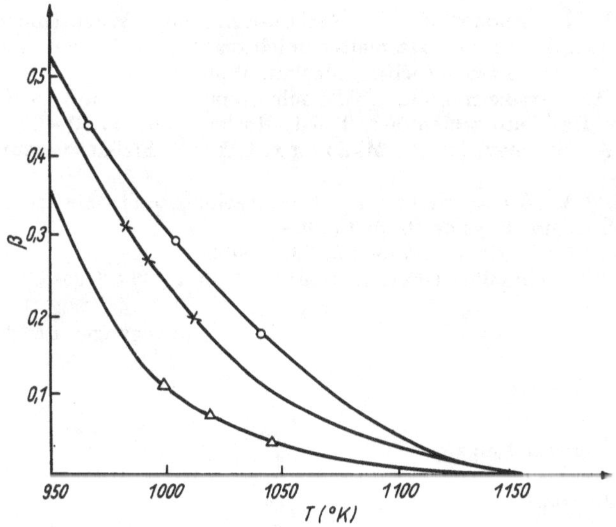

Fig. 4. Änderung der relativen partiellen Übersättigung von der Kristallisationstemperatur für Jodkonzentrationen wie in Figur 1

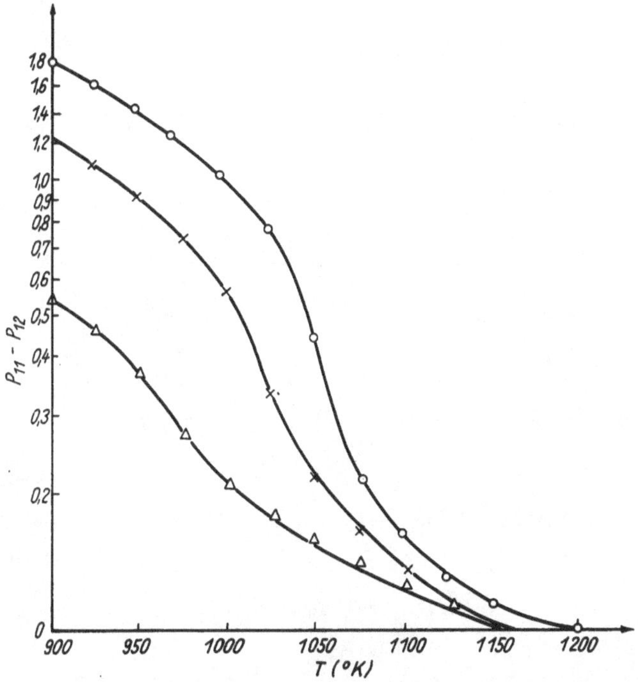

Fig. 5. Temperaturabhängigkeit der absoluten partiellen Übersättigung für Jodkonzentrationen wie in Figur 1

Literatur

ALEXANDROV, L. N., SIDOROV, JU. G.: Artikelsammlung „Wachstumsprozesse und Struktur monokristalliner Halbleiterschichten" Teil 1, Moskau 1968, S. 101
GIVARGIZOV, E. I.: Dissertationsarbeit, Moskau 1965
KUZNEZOV, F. A.: Artikelsammlung „Wachstumsprozesse und Struktur monokristalliner Halbleiterschichten", Teil 1, Moskau 1968, S. 50–60
KUZNEZOV, F. A., SIDOROV, JU. G., MARONČUK, I. E.: Ž. Fizika tverdovo tela **6**, 10, (1964)
MAGAMEDOV, CH. A.: Autorenreferat zur Dissertationsarbeit, Moskau 1966
MANDEL, G.: J. Chem. Physics **40**, 683 (1964)
MANDEL, G.: J. Physic. Chem. Solids **23**, 587 (1962)
SCHÄFER, G.: Chemische Transportreaktionen, Moskau 1964 (russ.)

(Eingegangen am 24. Juni 1971)

Anschrift der Verfasser:

W. NICOLAUS
Karl-Marx-Universität Leipzig
Sektion Chemie
Bereich Kristallographie

V. A. VORONIN
E. SEIDOWSKI
Polytechnische Hochschule Lwow, UdSSR
Lehrstuhl für Halbleiter und Dielektrika

Kristall und Technik	7	4	1972	403–418

H. BERGER

Sektion Physik der Humboldt-Universität zu Berlin,
Bereich Kristallographie

Röntgenographische Untersuchungen zur Kristallperfektion von GaAs-Einkristallen und -Epitaxieschichten

Will Kleber zum Gedenken

Die Defektstruktur von kompaktem GaAs und von GaAs-Homöoepitaxieschichten wird mit Hilfe röntgentopographischer Reflexionsmethoden (Doppelkristalltopographie, Berg-Barrett-Methode) sowie zusätzlich durch Messung von Rockingkurven charakterisiert. Neben Versetzungen werden großräumige Verzerrungen der GaAs-Einkristalle untersucht und quantitativ bestimmt. Die gemessenen Rockingkurvenbreiten kommen teilweise den für Idealkristalle zu erwartenden nahe. In Wachstumshügeln auf Epitaxieschichten werden einfache bzw. doppelte Verzwilligungen in Verbindung mit einem höheren Defektgehalt festgestellt. Die Perfektion einkristalliner Schichten ist der der Substratkristalle vergleichbar. Auf Grund der beobachteten Kontraste und energetischer Betrachtungen werden Aussagen zur Defektgeometrie der doppelkristalltopographisch abgebildeten Stapelfehlertetraeder in Epitaxieschichten gemacht.

The defect structure of bulk GaAs and homoepitaxial layers has been characterized by means of reflection methods of x-ray diffraction topography (double-crystal topography, Berg-Barrett method) and in addition by rocking-curve measurements. Besides of dislocations, long-range distortions of the single crystals of GaAs are investigated and determined quantitatively. The measured widths of the rocking curves approach those expected for perfect crystals. Single and double twinning in growth hillocks on epitaxial GaAs is found in connection with a higher degree of imperfection. The perfection of single-crystal layers is similar to that of the bulk crystals. Based on contrasts observed in double crystal topographs and energetic discussions, statements are made on defect geometry of stacking-fault tetrahedra in epitaxial layers.

1. Einleitung

Untersuchungen zur Defektstruktur sind im Rahmen der Halbleitertechnologie sowohl für die Prozeßkontrolle als auch bei der Entwicklung und Auswahl geeigneter Verfahrensschritte erforderlich. Dabei steht bei GaAs-Substratkristallen, wie gewöhnlich bei kompaktem Material, die Versetzungsstruktur (BELJAZKAJA, GRISCHINA, MILWIDSKI, OSSWENSKI, FOMIN; STRINGFELLOW, GREENE) im Mittelpunkt des Interesses. Bei Epitaxieschichten kommen die spezifischen Schichtdefekte hinzu, die durch die Besonderheiten des Epitaxieprozesses entstehen können. Häufigste Defekte in GaAs-Epitaxieschichten sind Stapelfehler und Wachstumshügel (ZIMMERLI, STEINEMANN). Analog zur Silizium-Epitaxie (SCHULZ) bilden die Stapelfehler in GaAs-Schichten häufig geschlossene Figuren mit der Flächensymmetrie der Kristalloberfläche und einer Kantenlänge, die der Schichtdicke proportional ist (Steinemann, Winteler, Zimmerli). Makroskopisch bemerkbare Wachstumshügel sind mit Hilfe röntgenographischer Methoden als Zwillingsstrukturen identifiziert worden (Holloway, Bobb 1967a, b), wobei wieder eine gewisse Analogie zu den ,,Tripyramids" in Silizium-Epitaxieschichten (Lawrence, Tucker) besteht.

In der vorliegenden Arbeit wurden Galliumarsenid-Substratkristalle sowie Homöoepitaxieschichten von einigen zehn μm Dicke untersucht, die durch chemische Transportreaktionen, überwiegend nach der Arsentrichlorid-Methode, hergestellt worden waren. Für die Charakterisierung der Perfektion wurden Röntgenbeugungsmethoden benutzt. Auf Grund der oben angedeuteten Problematik erschienen Reflexionsmethoden besonders geeignet. Für Übersichtsaufnahmen und zur Erfassung gröberer Defekte wurde die Berg-Barrett-Methode (Newkirk) herangezogen. Außerdem wurde die Doppelkristalltopographie (Bonse, Kappler; Renninger 1965) angewendet, mit der sehr geringe Kristallstörungen zu erfassen sind. Eine derartige empfindliche Methode ist, soweit bekannt, bisher noch nicht für die Perfektionsanalyse von GaAs sowie von Epitaxieschichten benutzt worden. Durch Aufnahme von Rockingkurven wurden zusätzlich Integralwerte für die Kristallperfektion erhalten. Diese Messungen wurden mit einer höheren Empfindlichkeit für Kristallstörungen durchgeführt als sie vergleichbare Angaben in der Literatur (Bobb, Holloway, Maxwell, Zimmermann 1966a, b) besitzen.

2. Experimentelle Methoden

Eine Abschätzung der in Berg-Barrett-Topogrammen von GaAs zu erwartenden Kontraste zeigt, daß für CuK_α-Strahlung die günstigsten Abbildungsbedingungen zu erwarten sind (Berger). Allerdings werden Einzelversetzungen in Doppelkristalltopogrammen bedeutend brillanter und mit ausgedehnteren Kontrasten abgebildet (Fig. 1). Diese Aufnahmen liefern außerdem Informationen

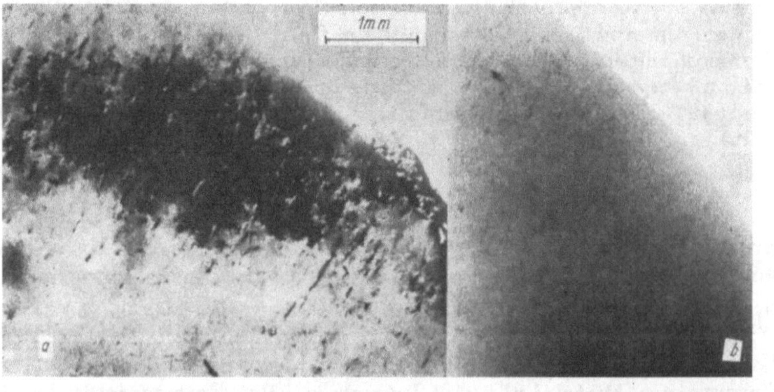

Fig. 1. Versetzungsabbildung mit verschiedenen röntgentopographischen Methoden, etwa gleiche Probenstelle, Substratkristall, (511), Reflex (440), CuK_α. (Maßstab lies 0,9 mm)

a – Doppelkristalltopogramm (Orientierungskontrast) – *b* – Berg-Barrett-Topogramm (Extinktionskontrast), Aufnahme auf Kernspurplatte ORWO K2, 50 μm über großräumige Verzerrungen in der Probenoberfläche. Sie wurden aus diesen Gründen zur Abbildung und Analyse sowohl von Einzeldefekten als auch von großräumigen Orientierungsabweichungen benutzt.

Die Empfindlichkeit der Doppelkristallanordnung für geringe Gitterverzerrungen hängt unter anderem von der Asymmetrie der Reflexionen an beiden Kristallen ab (RENNINGER 1967). Die geringsten Rockingkurvenbreiten für Idealkristalle werden bei streifendem Strahleneinfall auf die Oberfläche des ersten

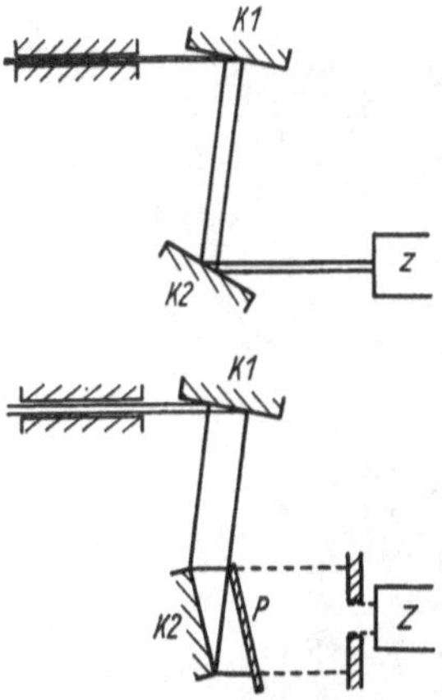

Fig. 2. Schema der Doppelkristallanordnungen oben: Stellung für Rockingkurvenmessungen, unten: Topographiestellung K: Kristalle, P: Photoplatte, Z: Zählrohr

Kristalls und streifendem Austritt aus dem zweiten Kristall erhalten (Fig. 2). Für die Rockingkurvenmessungen wurde nach Möglichkeit eine solche Anordnung benutzt. Auf diese Weise ist es möglich, auch mit reflexionsgeometrisch günstigeren langwelligen Strahlungen (CuK_α) geringe defektbedingte Verbreiterungen (in der Größenordnung 1″) festzustellen. Für die Aufnahme von Doppelkristalltopogrammen wurde aus Gründen der Abbildungsgeometrie der umgekehrte Strahlengang am zweiten Kristall benutzt. Zum Übergang von der einen Stellung in die andere ist der Probekristall um 180° um die Netzebenennormale zu drehen (Fig. 2).

Die für die Experimente benutzten Diffraktometer wurden auf der Grundlage von zweikreisigen optischen Reflexionsgoniometern (VEB Freiberger Präzisionsmechanik; ältere Ausführung) aufgebaut (BERGER). Bei dem Doppelkristalldiffraktometer sind im Unterschied zu den üblichen Anordnungen beide Kristalle um eine gemeinsame Achse schwenkbar. Dadurch wird die Justierung und die Durchführung der Messungen erleichtert. Auf Grund des durch diese Anordnung bedingten kompakteren Aufbaus war die Langzeitkonstanz der Einstellungen ohne Temperaturkontrolle auch für die Aufnahme von Topogrammen ausreichend. Zur Messung von Rockingkurven wurde die Stellung des Probekristalls schrittweise verändert und die Intensität durch Einzelimpulszählung registriert. Die gemessenen Rockingkurven waren auf einige zehntel Bogensekunden reproduzierbar.

Als Erstkristall für die Doppelkristallexperimente diente ein relativ perfekter GaAs-Kristall. Sämtliche Messungen wurden mit CuK_α-Strahlung durchgeführt. Es wurde der Punktfokus von Normalfokusröhren benutzt. Für die Rockingkurvenmessungen wurde im allgemeinen so ausgeblendet, daß ein Bereich von etwa $0{,}4 \times 0{,}4\ mm^2$ Größe, in einigen Fällen auch die gesamte Kristalloberfläche beleuchtet wurde. Die Photoplatte wurde gewöhnlich parallel zur Kristalloberfläche, bei Berg-Barrett-Aufnahmen zur Verringerung des Abstandes Kristall–Photoplatte auch parallel zur Primärstrahlrichtung aufgestellt. Überwiegend wurden {440}-Reflexe benutzt, sofern nicht bestimmte Anforderungen an die Netzebenensymmetrie bestanden. Die Winkel der Strahlen zur (111)-Oberfläche betragen für diesen Reflex etwa 15° bzw. 86°. Die geometrisch bedingte Unschärfe liegt bei den Berg-Barrett-Aufnahmen bei einigen μm, bei den Doppelkristallaufnahmen bei etwa 10 μm.

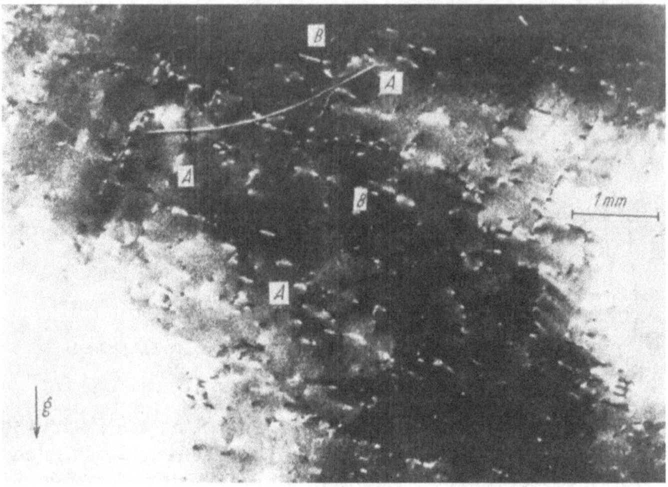

Fig. 3. Doppelkristalltopogramm, Substratkristall, (511), Reflex (440), g: Beugungsvektor (Maßstab lies 0,8 mm)

Die Doppelkristalltopogramme wurden auf Kernspurplatten ORWO K5, 50 μm Schichtdicke, die Berg-Barrett-Topogramme überwiegend auf Fototechnischem Film ORWO FO 5 aufgenommen. Zur Verringerung der Fluoreszenzstrahlung von Ga und As wurde bei den Berg-Barrett-Aufnahmen eine Kupferfolie (30 μm) über die Emulsion gelegt. Die Belichtungszeiten lagen bei beiden Methoden in der Größenordnung 10 min. Sämtliche Abbildungen von Topogrammen geben die Originalkontraste der Aufnahmen wieder.

3. Perfektion von Substratkristallen

Doppelkristalltopogramme von einem relativ perfekten Substratkristall mit (511)-Orientierung zeigen Figur 3 und Figur 4. Die Aufnahmen lassen gut aufgelöste Versetzungsdurchstoßpunkte erkennen. Die Versetzungsdichte wurde unter Berücksichtigung wahrscheinlicher Nullkontraste zu durchschnittlich $5{,}8 \cdot 10^3\ \mathrm{cm}^{-2}$ ausgezählt.

Wegen der großen Reichweite der Kontraste bei der Doppelkristallmethode lassen sich über die Richtungen von parallel oder schräg zur Oberfläche verlaufenden Versetzungslinien gewisse Aussagen machen. Benachbarte Versetzungsdurchstoßpunkte, die durch diffusere Kontraststreifen verbunden sind

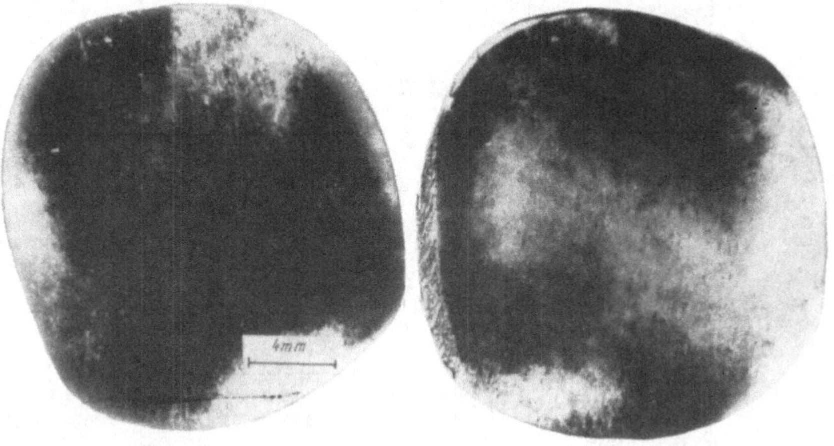

a – Reflex (440) *b* – Reflex (404)

Fig. 4. Doppelkristalltopogramm, Substratkristall, (511), Orientierung entsprechend Figur 5 (Maßstab lies 2,7 mm)

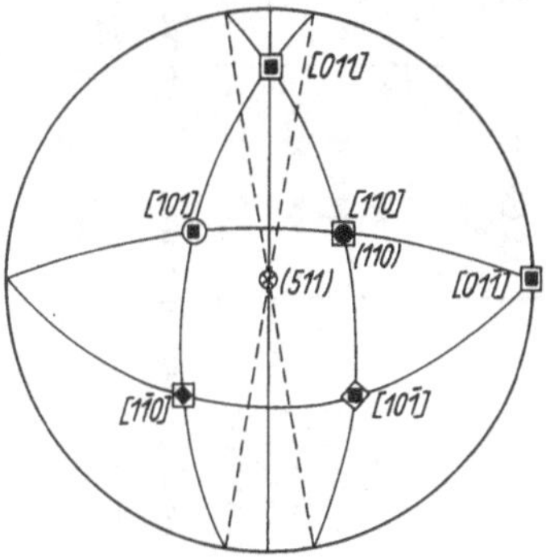

Fig. 5. Stereogramm zum Beugungskontrast an Versetzungen (zu Fig. 4)
volle Markierungen: Abbildung bei Reflex (440), offene Markierungen: Abbildung bei Reflex (404)
Richtungen der Burgers-Vektoren:
○● bei Maximalkontrast (entspricht Richtung des Beugungsvektors),
◇■ bei Nullkontrast, □■ bei mittlerem Kontrast

(Fig. 3, A) oder von denen zur anderen Seite langsam auslaufende Kontraste ausgehen (Fig. 3, B), dürften auf durch die Oberfläche angeschnittene gekrümmte Versetzungen bzw. Versetzungsschleifen zurückzuführen sein. Auf den Übersichtsaufnahmen (Fig. 4), die mit zwei verschiedenen Reflexen angefertigt wurden, zeigen die Versetzungskontraste in einem Topogramm jeweils eine bevorzugte Längserstreckung. Diese Richtungen entsprechen den Spuren von zwei {111}-Ebenen auf der Oberfläche, die auch nach den Beobachtungen anderer Autoren (Beljazkaja, Grischina, Osswenski, Fomin) bevorzugte Gleitebenen sind (Fig. 5). Auf Grund des Kontrastkriteriums für Versetzungen ist zu erklären, daß sich Gleitebenen stärker markieren, die den Beugungsvektor enthalten. Daß von diesen beiden Ebenen nur eine stärker hervortritt, kann durch ihre symmetrische Ungleichwertigkeit auf Grund der Flächensymmetrie oder auch durch Besonderheiten beim Wachstumsprozeß bedingt sein.

Die Topogramme zeigen außerdem, daß die Probe gering großräumig verzerrt ist. Die maximale, auf die betrachtete Reflexion wirkende Desorientierungskomponente zwischen Bereichen in der Kristalloberfläche ist nach Figur 4b

Tabelle 1

Nr.	zugehörige Topogramme	vermessene Oberfläche		Reflex	Rockingkurven-Halbwertsbreiten (von kleinem Bereich)		
					berechnet für Idealkristalle	gemessen	defektbedingte Verbreiterung
1	Fig. 3 u. 4	Substrat	(511)	{440}	3,0″	4,2 – 4,8″	3 – 4″
2	Fig. 6	Substrat	B(111)	(440)	3,0″	30 – 70″	30 – 70″
3	Fig. 7	Substrat	A(111)	(440)	3,0″	23 – 26″	23 – 26″
4	Fig. 11b u. c	Substrat	$(10\bar{1})$	$(40\bar{4})$	5,8″	8 – 12″	5 – 11″
5	Fig. 11d u. f	Schicht (Matrix)	B(111)	(440)	3,0″	33 – 48″	33 – 48″
6	Fig. 11d u. f	Schicht (Matrix)	B(111)⁺)	(440)	5,8″	37 – 49″	37 – 49″
7	Fig. 11e	Schicht (Zwilling nach [111])	B(111)	(440)	3,0″	28 – 39″	28 – 39″
8	Fig. 9	Substrat	$(01\bar{1})$	$(04\bar{4})$	5,8″	8″	5″
9	Fig. 14b	Schicht	A(111)	(440)	3,0″	8 – 14″	7 – 14″
10	Fig. 14b	Schicht	A(111)⁺)	(440)	5,8″	8 – 14″	5 – 13″
11	—	Schicht	A(111)	(331)	2,5″	6,4″	6″

⁺) Einfallsazimut gegenüber der darüberstehenden Messung um 90° gedreht auf Grund der für die Aufnahmestellung gültigen Rockingkurvenbreite von 10″ zu etwa 20″ abzuschätzen. Der daraus zu berechnende Krümmungsradius der Kristallscheibe beträgt etwa 100 m.

In kleinen Bereichen dieser Probe wurden Rockingkurven-Halbwertsbreiten gemessen, die den für Idealkristalle berechneten nahekommen (Tabelle 1). Diese Messungen bestätigen die hohe Perfektion dieses Kristalls. Sie zeigen, daß zu-

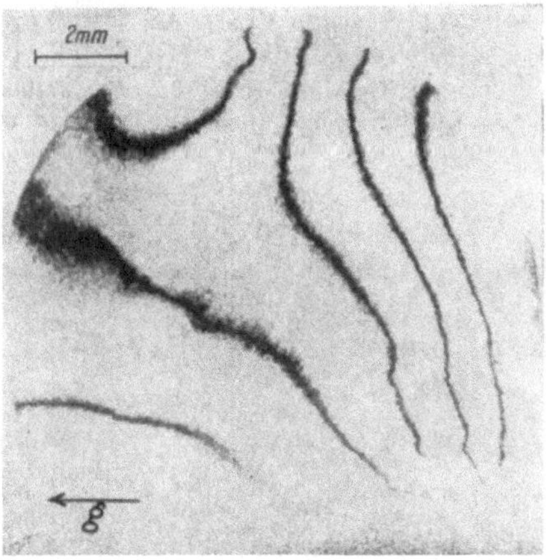

Fig. 6. Doppelkristalltopogramm, Aufnahme bei mehreren, jeweils um 2,2′ veränderten Probenstellungen, Substratkristall, B(111), Reflex (440), **g**: Beugungsvektor (Maßstab lies 1,6 mm)

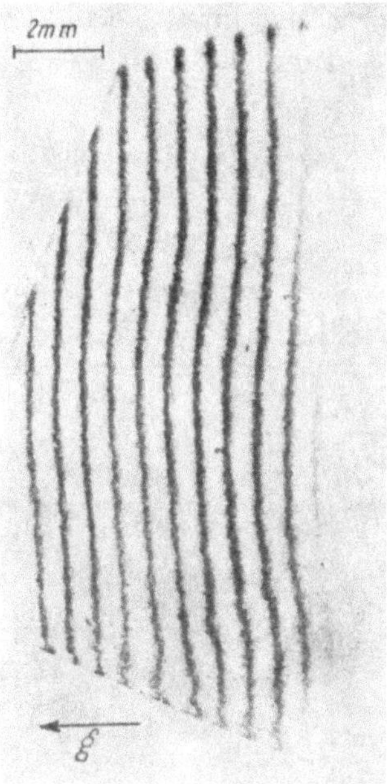

Fig. 7. Doppelkristalltopogramm, Aufnahme bei mehreren, jeweils um 33″ veränderten Probenstellungen, Substratkristall, A(111), Reflex (440), **g**: Beugungsvektor (Maßstab lies 1,6 mm)

sätzlich zu den topographisch erfaßten Defekten keine nennenswerten Gitterstörungen, etwa unterhalb der Auflösungsgrenze, vorhanden sind. Allerdings erscheint eine Zuordnung der geringen Verbreiterung zur Versetzungsdichte nicht sinnvoll, da sich allein der Beitrag der großräumigen Verbiegung in dem bestrahlten Probenbereich auf 1—2″ abschätzen läßt. Wird dieser Bereich andererseits noch kleiner gewählt, so läßt die Defektanzahl keine statistisch gesicherte Aussage mehr zu.

Beispiele von Topogrammen von Proben geringerer Perfektion werden in Figur 6 und Figur 7 wiedergegeben. Bei höheren Defektdichten sind mit der benutzten empfindlichen Anordnung keine Einzeldefekte auflösbar. Außerdem können bei stärkeren großräumigen Verzerrungen keine repräsentativen Ausschnitte gleichzeitig abgebildet werden. Durch die Aufnahmen bei mehreren, in gleichen Winkelschritten veränderten Probenstellungen lassen sich jedoch quantitative Aussagen über die Topographie der großräumigen Verzerrungen gewinnen. Bei der einen Probe (Fig. 6) dürfte diese Verzerrung hauptsächlich auf die kooperative Wirkung der Verzerrungsfelder der einzelnen Versetzungen auf Grund ihrer relativ hohen Dichte (Ätzgrubendichte $1 \cdot 10^5\ cm^{-2}$) zurückzuführen sein. Die für die Reflexion wirksame Komponente der Verzerrung entspricht am rechten Probenrand überwiegend einer Verbiegung („Tilt“), die zum linken Rand in eine Verdrillung („Twist“) übergeht. Die Krümmung ist am rechten unteren Rand am stärksten; der lokale Krümmungsradius beträgt dort etwa 1 m.

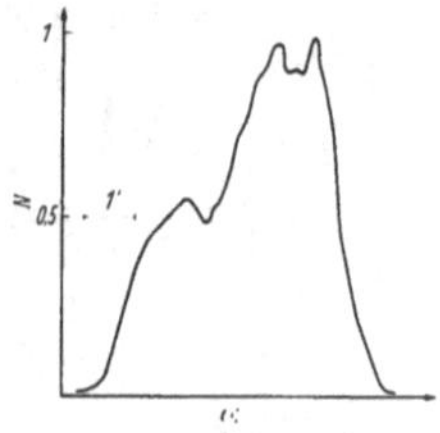

Fig. 8. Rockingkurve (von gesamter Probenfläche), Substratkristall, A(111), Reflex (440).
N: reflektierte Intensität, bezogen auf Maximum
α: Koordinate der Winkelstellung des Probekristalls

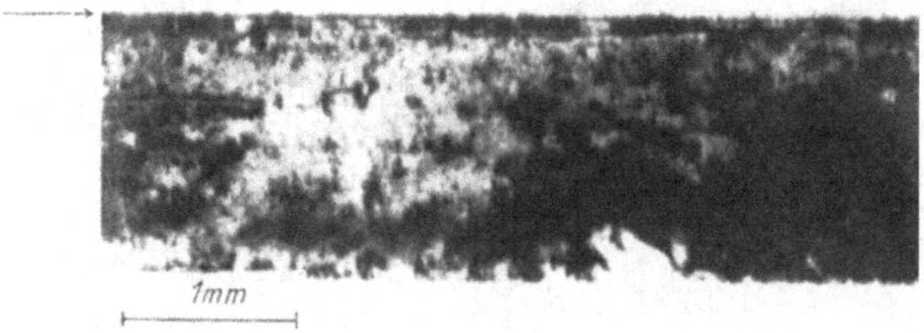

Fig. 9. Doppelkristalltopogramm, Querspaltfläche $(01\bar{1})$ einer Probe mit Epitaxieschicht, oben Schichtseite (Pfeil: Schichtgrenze), Reflex $(04\bar{4})$ (Maßstab lies 0,8 mm)

Die andere Probe (Fig. 7) ist nahezu homogen verzerrt (überwiegend Tilt) mit einem Krümmungsradius von etwa 3 m. Die entsprechend stark verbreiterte Rockingkurve der gesamten Kristalloberfläche zeigt Figur 8. Die Ätzgrubendichte dieser Probe beträgt nur etwa $8 \cdot 10^3\ cm^{-2}$. Daher ist die Krümmung wahrscheinlich auf die unterschiedliche Bearbeitung beider Oberflächen (einseitig wischpoliert) zurückzuführen, die wegen der geringen Probendicke (einige zehntel mm) ähnlich den Beobachtungen von Renninger (1965) eine elastische Verbiegung bewirkte.

Bei Proben mit Epitaxieschicht wurde in einigen Fällen eine Querspaltfläche der Kristallscheibe zur gleichzeitigen Untersuchung der Substratperfektion benutzt. Das in Figur 9 wiedergegebene Topogramm läßt aufgelöste Versetzungen und eine mittlere großräumige Verzerrung erkennen. Die Ergebnisse zeigen, daß die Spaltfläche genügend glatt und durch den Spaltvorgang so wenig beeinflußt ist, daß auch durch Doppelkristallmessungen repräsentative Aussagen über das kompakte Kristallmaterial zu erhalten sind.

4. Verzwilligungen in Epitaxieschichten

Verschiedene Erscheinungsformen von Wachstumshügeln in Epitaxieschichten mit (111)-Orientierung zeigen Figur 10, Figur 11 und Figur 12. Wie sich aus den röntgentopographischen Aufnahmen ergibt, stehen diese Hügel zum Teil in Zwillingsstellung zueinander bzw. zum Substrat. Bis auf eine Probe (Fig. 12) wurden nur einfache Verzwilligungen nach der Schichtnormalen [111] gefunden.

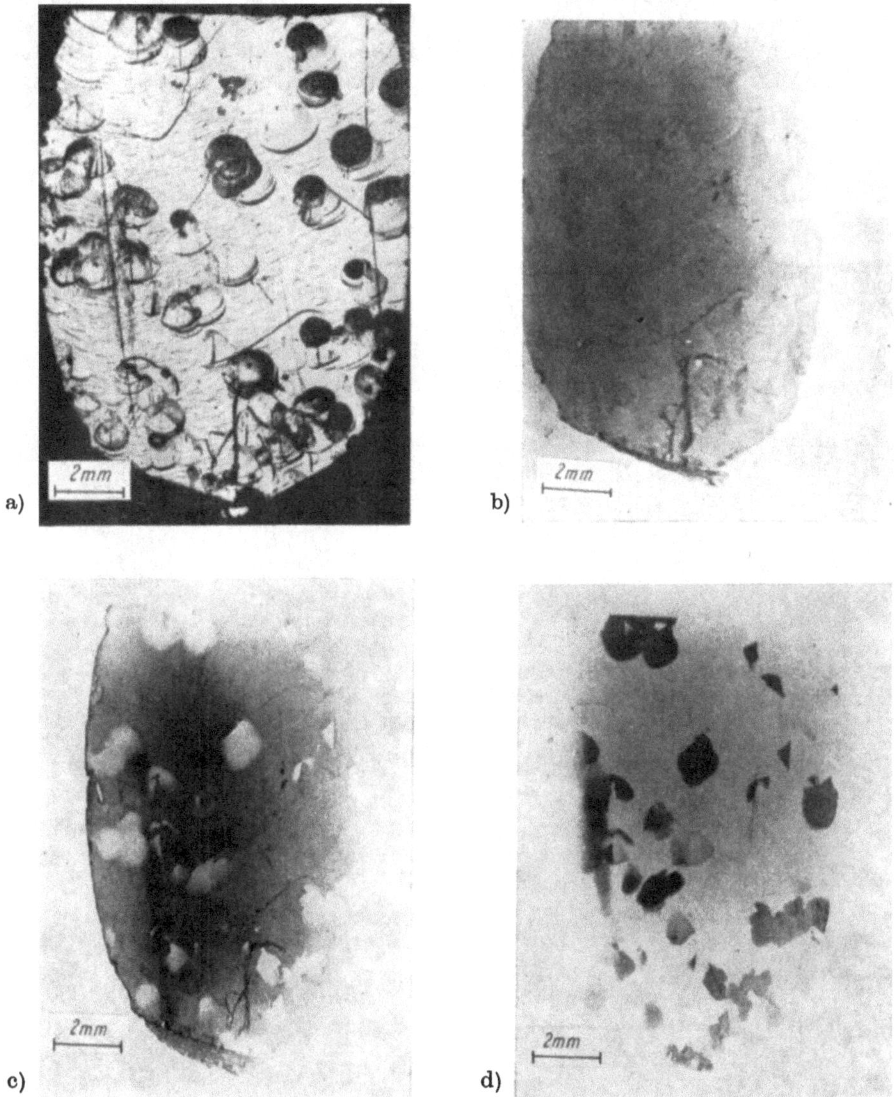

Fig. 10. Epitaxieschicht, (111)

a) Auflichtaufnahme – b) – d) Berg-Barrett-Topogramme – b) Reflex (111) – c) Reflex (331), Matrix – d) Reflex (331), Zwilling nach [111] (Maßstab lies 1,2 mm)

Aufnahmen mit dem (111)-Reflex (Fig. 10b) liefern entsprechend eine homogene Abbildung, sofern nicht zusätzlich bestimmte Anteile von Material ohne besondere Vorzugsorientierung vorhanden sind (Fig. 11).

Teilweise sind die Hügel alternierend dem einen oder dem anderen Zwillingsindividuum zuzuordnen (Fig. 11d und e). Gewöhnlich besitzen sie jedoch kompliziertere Strukturen. In den meisten Topogrammen ist ein segmentartiger Aufbau aus Material in den beiden Zwillingsstellungen zu erkennen. Beim genauen Vergleich der Abbildungen der beiden Individuen zeigt sich, daß sich die jeweils reflektierenden Bereiche überschneiden, wobei die überlappenden Bereiche des zur Matrix verzwillingten Individuums zum Teil geringere Intensität besitzen. Wie besonders deutlich ein Topogramm der Querspaltfläche zeigt

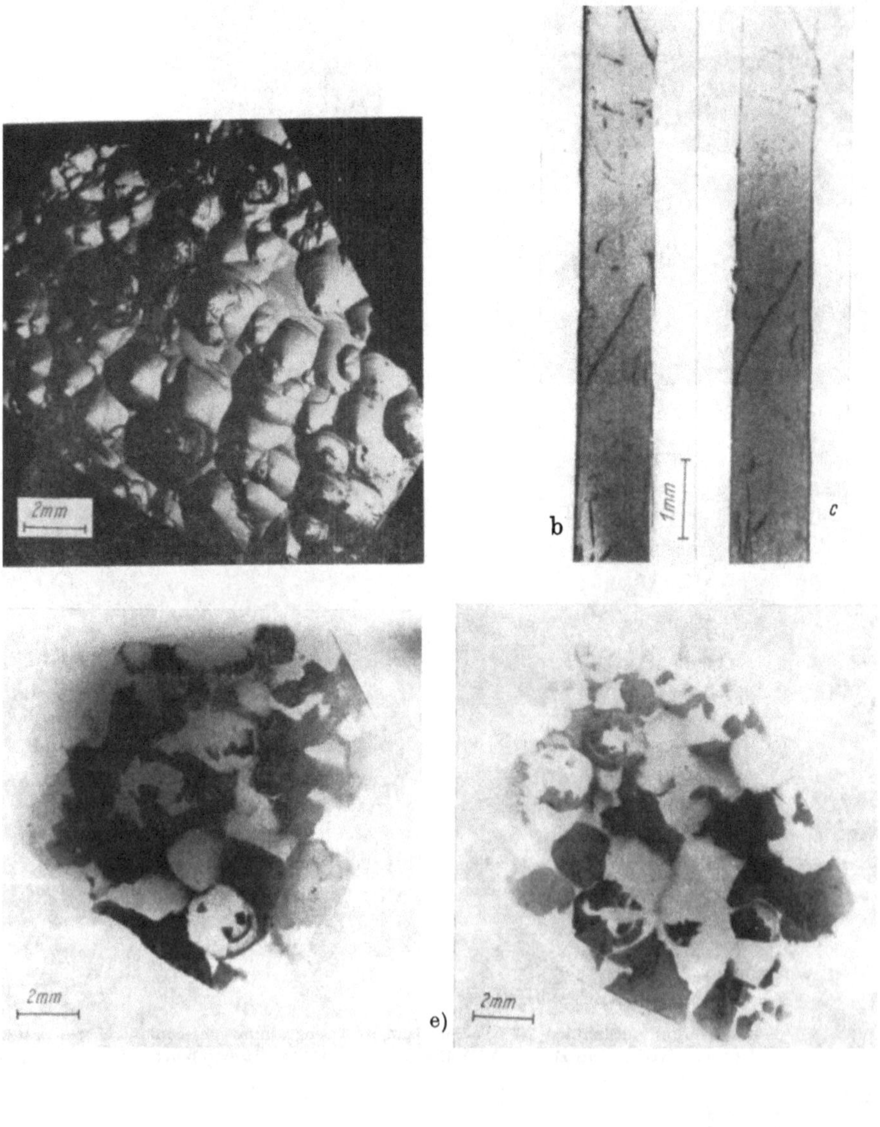

a)
d)

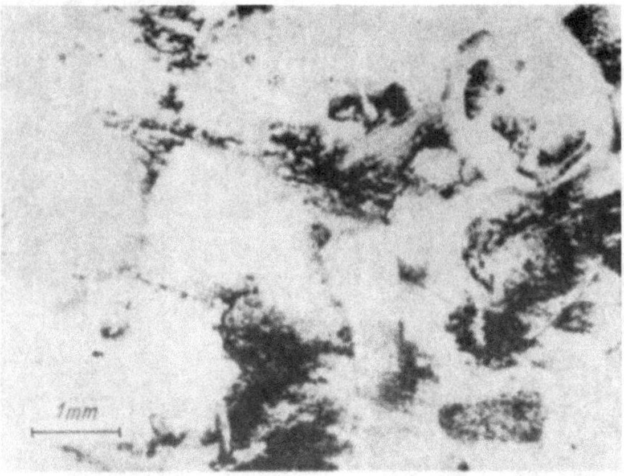

f)

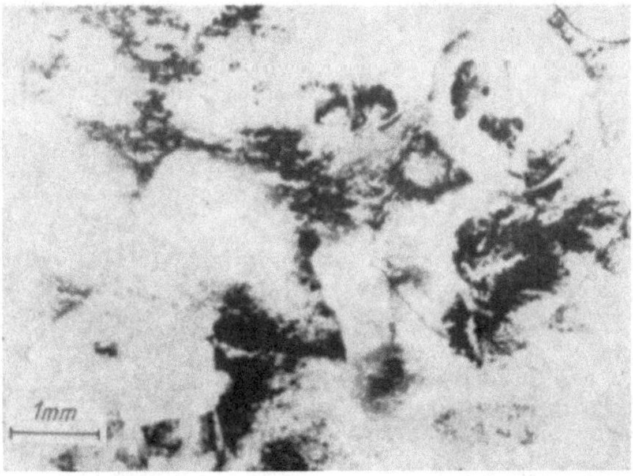

g)

Fig. 11. Probe mit Epitaxieschicht, B(111)

a) Auflichtaufnahme der Schicht – b) und c) Berg-Barrett-Topogramme, Querspaltfläche (10$\bar{1}$), rechts Schichtseite – b) Reflex (2$\bar{2}$4), Substrat und Zwilling nach [111] – c) Reflex (224), Substrat und Schicht – d) und e) Berg-Barrett-Topogramme der Schicht – d) Reflex (440), Matrix – e) Reflex (440), Zwilling nach [111] – f) Doppelkristalltopogramm der Schicht, Reflex (440), Matrix – g) wie f), Einfallswinkel um 13″ verändert (Maßstab auf b, c, f, g lies 0,6 mm, auf a, d, e lies 1,2 mm)

(Fig. 11b), nimmt der Anteil mit Matrixorientierung im Laufe des Wachstums zu. Das stimmt mit Beobachtungen von Holloway und Bobb (1967b) überein.

Doppelkristalltopogramme eines Zwillingsindividuums (Fig. 11f und g) ergeben eine gegenüber den Substrattopogrammen stark abweichende Kontrastverteilung. Diese Unterschiede weisen auf eine andere Defektverteilung in der Schicht hin, die möglicherweise mit dem besonderen Wachstumsmechanismus zusammenhängt. Die lokalen Desorientierungen zwischen μm-großen Bereichen betragen nach Figur 11f und g teilweise mehrere zehn Bogensekunden. Es ist eine fächerartige Anordnung dieser Bereiche in den Hügeln zu erkennen.

Die betrachtete Probe ist ziemlich frei von großräumigen Verzerrungen. Infolgedessen ist hier die Rockingkurve (Fig. 13) als sinnvolles Maß der Schichtperfektion anzusehen. Die gemessenen Halbwertsbreiten (Tabelle 1) sind für

a)

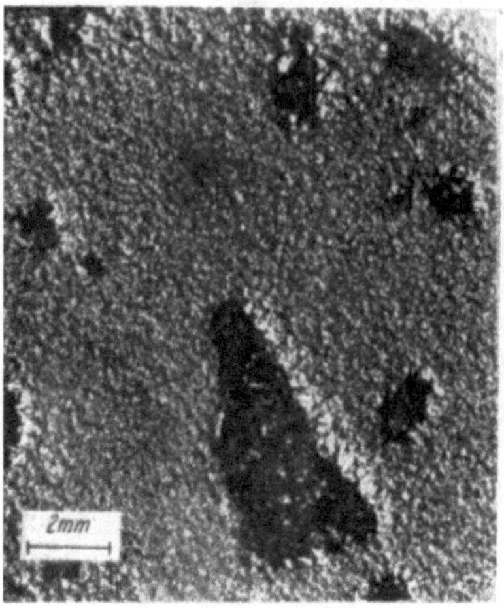

b)

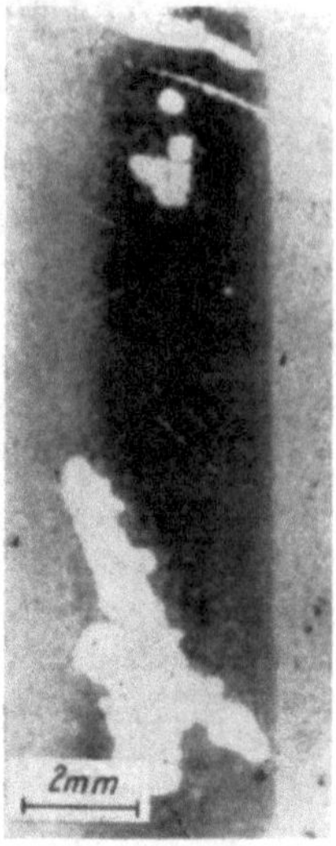

c)

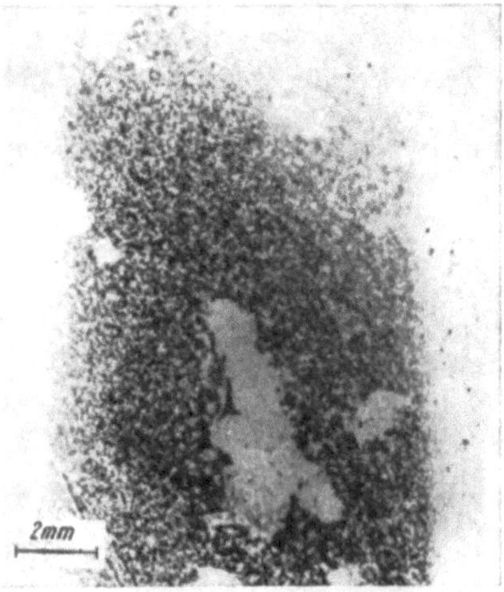

d)

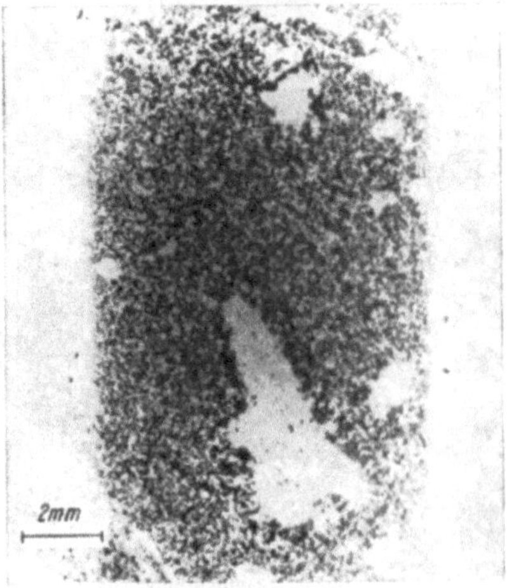

e)

Fig. 12. Epitaxieschicht, A(111)

a) Auflichtaufnahme – b) – e) Berg-Barrett-Topogramme – b) Reflex (333), Matrix und Zwilling nach [111]; Reflexe {511}, übrige Zwillinge – c) Reflex (440), Matrix; Reflexe ($\bar{4}\bar{4}0$), Zwillinge nach [$1\bar{1}1$] bzw. [$11\bar{1}$] -- d) Reflex (440), Zwilling nach [111]; Reflexe ($\bar{4}\bar{4}0$), Zwillinge nach [111] und [$1\bar{1}1$] bzw. nach [111] und [$11\bar{1}$] – e) Reflex ($11\bar{5}$), Zwilling nach [$1\bar{1}1$] und zufällige Reflexe weiterer Zwillinge (Maßstab lies 1,2 mm) beide Individuen sowie für verschiedene Einfallsazimute bezüglich der reflektierenden Netzebene praktisch gleich. Aus der letzten Tatsache folgt, daß keine Anisotropie der Orientierungsverteilung zwischen Richtungen in der Schichtebene und senkrecht dazu vorhanden ist, wie sie auf Grund der Besonderheiten des Schichtwachstums erwartet werden könnte. Die Rockingkurve des Substrats, die an einer Querspaltfläche gemessen wurde (Tabelle 1) ist im Gegensatz zu denen der Schicht nur relativ gering verbreitert.

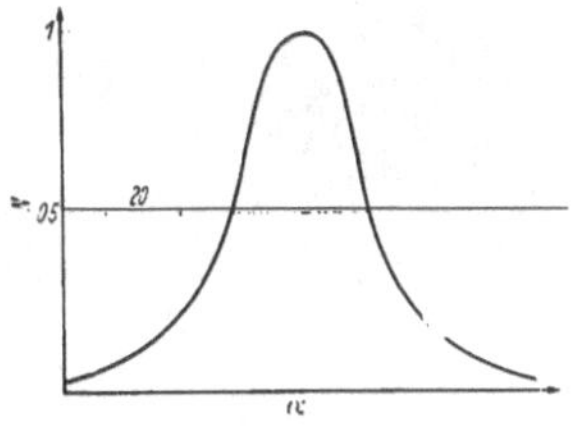

Fig. 13. Rockingkurve (von kleinen Bereichen), Epitaxieschicht, B(111), Reflex (440)
N: reflektierte Intensität, bezogen auf Maximum
α: Koordinate der Winkelstellung des Probekristalls

Die Epitaxieschicht, von der Aufnahmen in Figur 12 wiedergegeben werden, enthält zusätzlich zu den nach [111] verzwillingten Orientierungsanteilen Doppelzwillinge nach den drei zur Schichtnormale geneigten ⟨111⟩-Richtungen. Die Doppelzwillinge unterscheiden sich in Form und Größe von den Einfachzwillingen. In Topogrammen des Reflexes (333) der Matrix (Fig. 12b) reflektieren alle diese verzwillingten Bereiche gleichzeitig. Aus der weitgehend homogenen Abbildung folgt, daß zumindest im Rahmen der topographischen Auflösung keine weiteren, mehrfach verzwillingten Bereiche vorhanden sind, wie es bei den im übrigen vergleichbaren Befunden von Holloway und Bobb (1967a) der Fall war.

Direkte kristallographische Ursachen für die Verzwilligungen sowie für die Hügelbildung beim Schichtwachstum wurden nicht gefunden. Holloway und Bobb (1967b) deuteten die Bildung der Wachstumshügel als Folge einer möglichen höheren Wachstumsgeschwindigkeit der durch Verzwilligung in Schichten mit (100)-Orientierung entstehenden anderen Auflagefläche. Ein solcher kausaler Zusammenhang ist für die einfachen Verzwilligungen in (111)-Schichten auszuschließen und damit auch generell anzuzweifeln. Da Hügel gefunden wurden, die aus jeweils einem Zwillingsindividuum bestehen, ist eher anzunehmen, daß beide Erscheinungen auf einer gemeinsamen Ursache beruhen. Die bei der näher untersuchten Probe festgestellte hohe Defektdichte läßt vermuten, daß zumindest lokale Abweichungen von definierten Wachstumsbedingungen, über die hier keine weiteren Aussagen gemacht werden können, zu stark gestörtem Wachstum führen, das sich sowohl in einer höheren Wachstumsgeschwindigkeit als auch durch Auftreten von Verzwilligungen äußert.

5. Defekte in einkristallinen Schichten

Von Epitaxieschichten mit glatter Oberfläche wurden Röntgentopogramme erhalten, deren Qualität der von Substrattopogrammen vergleichbar ist. Auch die Rockingkurven-Halbwertsbreiten (Tabelle 1) liegen in der für Substratkristalle mittlerer Perfektion typischen Größenordnung. Das in Figur 14 wiedergegebene Doppelkristalltopogramm einer Epitaxieschicht ist mit dem Topogramm der Querspaltfläche dieser Probe (Fig. 9) zu vergleichen. Die relativ geringe großräumige Verzerrung der Epitaxieschicht (Krümmungsradius etwa 12—60 m) dürfte demnach bereits vom Substrat herrühren. Die Schichtgrenze markiert sich auf dem Topogramm der Querspaltfläche zumindest stellenweise durch Kontraste, die für Versetzungsdurchstoßpunkte charakteristisch sind. Daraus und aus der etwas größeren defektbedingten Verbreiterung der Rockingkurve ist qualitativ auf eine geringe Zunahme der Defektdichte in der Schicht zu schließen.

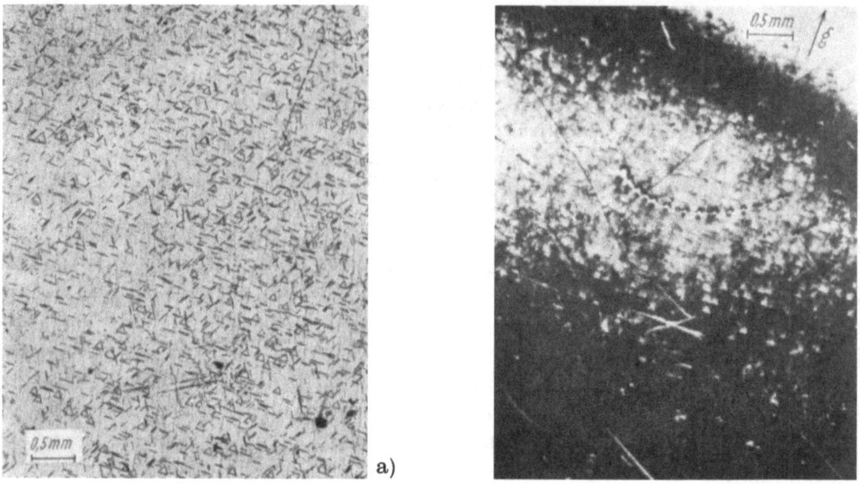

a) b)

Fig. 14. Epitaxieschicht, A(111)
a) Ätzbild (Auflicht) – b) Doppelkristalltopogramm, Reflex (440),
g: Beugungsvektor (Maßstab lies 0,4 mm)

Beonders auffällig sind jedoch in Figur 14b die starken Kontraste an Defekten, die als Linien gleicher Länge und Orientierung an der Oberfläche vorliegen. Die typischen Ätzfiguren (Fig. 14a) zeigen, daß an diesen Stellen Stapelfehler vorhanden sind (Steinemann, Winteler, Zimmerli). In den hier nicht wiedergegebenen Topogrammen der symmetrisch äquivalenten Reflexe werden Kontraste an den beiden anderen Stapelfehlerebenen erhalten. Aus der charakteristischen, von der zufälligen Orientierung der jeweiligen Probenstelle abhängigen Kontraststruktur ist zu entnehmen, daß die die Stapelfehler begrenzenden, schräg zur Oberfläche verlaufenden partiellen Versetzungen Hauptursache der Kontraste sind. Andererseits bleiben die Stapelfehler auch bei verschwindenden Kontrasten an den Enden noch sichtbar. Die hier bei der Doppelkristallanordnung in Reflexion wirkenden Abbildungsmechanismen sind bisher nicht näher bekannt.

Die Abbildung jeweils nur einer Stapelfehlerebene im Topogramm eines $\{440\}$-Reflexes ist mit Hilfe des Kontrastkriteriums für Stapelfehler (Kohra, Yoshimatsu) $\mathfrak{g} \cdot \mathfrak{f} = n$ ($\mathfrak{g}$: Beugungsvektor, $\mathfrak{f}$: Faultvektor, $n = \pm 0, 1, 2, 3, \ldots$) zu erklären. Für den Reflex (440) und den in der Ebene $(1\bar{1}1)$ liegenden Stapelfehler ergibt sich zum Beispiel mit den möglichen Faultvektoren im F-Gitter

$$n = 0 \quad \text{für } \mathfrak{f} = \pm \tfrac{1}{3}[1\bar{1}1] \text{ und } \mathfrak{f} = \pm \tfrac{1}{6}[1\bar{1}\bar{2}]$$
$$\text{bzw. } n = \pm 2 \quad \text{für } \mathfrak{f} = \pm \tfrac{1}{6}[121] \text{ und } \mathfrak{f} = \pm \tfrac{1}{6}[\bar{2}\bar{1}1].$$

Ebenso wird für sämtliche Faultvektoren des Stapelfehlers in der Ebene $(\bar{1}11)$ Nullkontrast erhalten (Fig. 15).

Von den möglichen Burgersvektoren der begrenzenden Partialversetzungen ist nur ein Teil mit dem beobachteten Kontrast vereinbar. Da die in der Schnittgeraden der beiden betrachteten Stapelfehler liegenden Versetzungen im (440)-Topogramm nicht abgebildet werden, müssen sie entweder die Burgersvektoren $\pm \frac{1}{3}[1\bar{1}1]$ und $\pm \frac{1}{3}[\bar{1}11]$ oder $\pm \frac{1}{6}[1\bar{1}\bar{2}]$ und $\pm \frac{1}{6}[\bar{1}1\bar{2}]$ besitzen (Fig. 16). Diese Einzel-Partialversetzungen bilden eine kombinierte Versetzung („Stair-rod"-Versetzung). Die Faultvektoren der Stapelfehler in den drei {111}-Ebenen und damit auch die entsprechenden Burgers-Vektoren müssen in mindestens zwei Ebenen das gleiche Vorzeichen besitzen. Für diese beiden Stapelfehler kann der

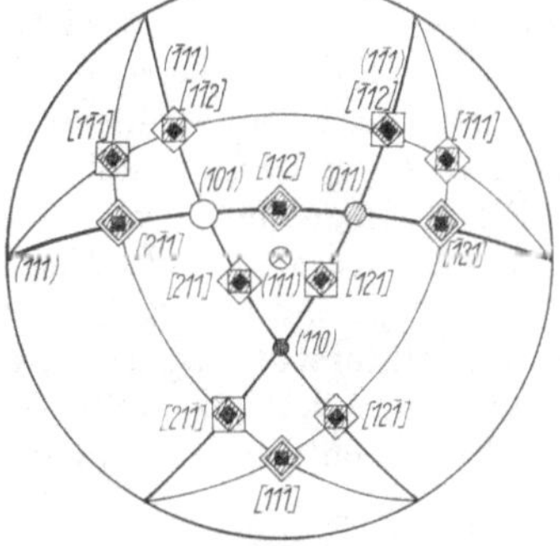

Fig. 15. Stereogramm zum Beugungskontrast an Stapelfehlern in (111)-Epitaxieschicht
volle Markierungen: Reflex (440), offene Markierungen: Reflex (404), schraffierte Markierungen: Reflex (044)
○ Richtung des Beugungsvektors — ◇ Richtungen von Faultvektoren bei Nullkontrast — □ Richtungen von Faultvektoren bei Kontrast

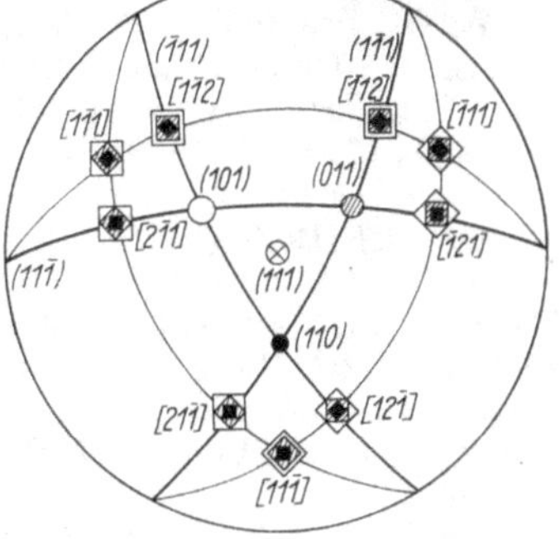

Fig. 16. Stereogramm zum Beugungskontrast an partiellen Versetzungen in (111)-Epitaxieschicht
volle Markierungen: Reflex (440), offene Markierungen: Reflex (404), schraffierte Markierungen: Reflex (044)
○ Richtungen des Beugungsvektors, ◇ Richtungen von Burgersvektoren bei Nullkontrast, □ Richtungen von Burgersvektoren bei Kontrast

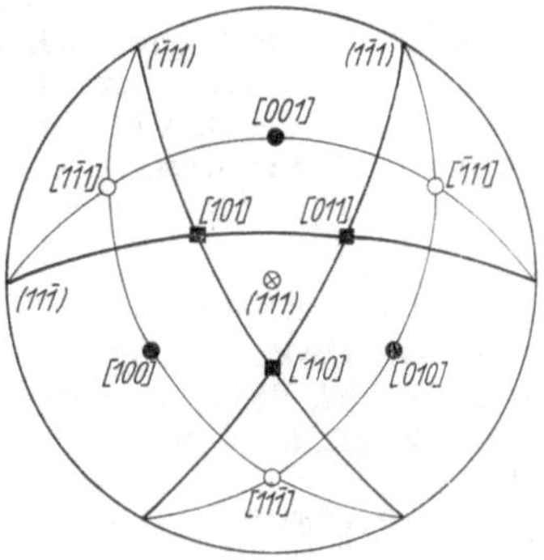

Fig 17. Stereogramm zur Stapelfehlergeometrie in (111)-Epitaxieschicht
○ Richtungen der Burgersvektoren der begrenzenden Partialversetzungen eines Einzelstapelfehlers, ● Richtungen der Burgersvektoren der Stair-rod-Versetzungen,
■ Richtungen der Stair-rod-Versetzungen

resultierende Burgersvektor der in ihrer Schnittkante liegenden Partialversetzung bestimmt werden. Bei Berücksichtigung der Versetzungsstärken ergibt sich:

$$\begin{array}{ccccc} \frac{1}{3}[1\bar{1}1] & + & \frac{1}{3}[\bar{1}11] & = & \frac{2}{3}[001] \\ \frac{1}{3} & + & \frac{1}{3} & > & \frac{4}{9} \\ \frac{1}{6}[1\bar{1}\bar{2}] & + & \frac{1}{6}[\bar{1}1\bar{2}] & = & \frac{2}{3}[00\bar{1}] \\ \frac{1}{6} & + & \frac{1}{6} & < & \frac{4}{9} \end{array}$$

Aus energetischen Gründen ist nur die erste Reaktion möglich, so daß in diesem speziellen Fall Franksche Partialversetzungen in den einzelnen Stapelfehlern vorliegen müssen. Aus Symmetriegründen dürften wahrscheinlich die Faultvektoren bzw. Burgersvektoren aller drei Stapelfehler eines Stapelfehlertetraeders das gleiche Vorzeichen haben. Damit würden sich drei Stair-rod-Versetzungen mit den Burgersvektoren $\pm \frac{2}{3}\langle 100\rangle$ und die in Figur 17 dargestellte Geometrie der Stapelfehlertetraeder ergeben. Eine Aussage über das Vorzeichen der Faultvektoren ist nach den vorliegenden Daten jedoch nicht möglich.

Die vorliegende Arbeit entstand im Rahmen eines Forschungsvertrages mit dem VEB Kombinat Halbleiterwerk Frankfurt/Oder. Herrn Dr. M. Schulz und Herrn Dipl.-Met. H. Richter vom Hauptbereich Forschung bin ich für die gewährte Unterstützung und die Diskussion verschiedener Probleme sowie für die Überlassung der Ätzergebnisse zu Dank verpflichtet. Frau E. Kunze danke ich für die Durchführung einiger röntgenographischer Messungen.

Literatur

Beljazkaja, N. S., Grischina, S. P., Milwidski, M. G., Osswenski, W. B., Fomin, W. G.: Izv. AN SSSR, Nieorgan. mat. **3**, 1347 (1967)
Berger, H.: Dissertation, Sektion Physik der Humboldt-Universität zu Berlin 1971
Bobb, L. C., Holloway, H., Maxwell, K. H., Zimmermann, E.: J. Physics Chem. Solids **27**, 1679 (1966) (a)
Bobb, L. C., Holloway, H., Maxwell, K. H., Zimmermann, E.: J. appl. Physics **37**, 4687 (1966) (b)
Bonse, U., Kappler, E.: Z. Naturforsch. **13a**, 348 (1958)
Holloway, H., Bobb, L. C.: J. appl. Physics **38**, 2711 (1967) (a)
Holloway, H., Bobb, L. C.: J. appl. Physics **38**, 2893 (1967) (b)
Kohra, K., Yoshimatsu, M.: J. Physic. Soc. Japan **17**, 1041 (1962)
Lawrence, J. E., Tucker, R. N.: J. appl. Physics **36**, 3095 (1965)
Newkirk, J. B.: Trans. Metall. Soc. AIME **215**, 483 (1959)
Renninger, M.: Z. angew. Physik **19**, 20 (1965)
Renninger, M.: Advances X-Ray Analysis **10**, 32 (1967)
Schulz, M.: Kristall und Technik **2**, 565 (1967)
Steinemann, A., Winteler, H. R., Zimmerli, U.: Helv. Phys. Acta **41**, 1210 (1968)
Stringfellow, G. B., Greene, P. E.: J. appl. Physics **40**, 502 (1969)
Zimmerli, U., Steinemann, A.: Solid State Communications **5**, 447 (1967)

(Eingegangen am 25. Juni 1971)

Anschrift des Verfassers:
Dr. Hans Berger
Sektion Physik der Humboldt-Universität
Bereich Kristallographie
104 Berlin
Invalidenstraße 43

Kristall und Technik	7	4	1972	419–426

I. Hähnert

Sektion Physik der Humboldt-Universität,
Bereich Kristallographie, Berlin

Ätzuntersuchungen an Alaunen mit nichtwäßrigen Lösungsmitteln

Will Kleber zum Gedenken

Die Ätzuntersuchungen wurden an einkomponentigen Alaunen (KAl-, NH_4Al- und KCr-Alaun) und Mischkristallen (K(Al, Cr)-Alaun) durchgeführt. Beste Ergebnisse bezüglich der Grubenausbildung und ihrer Reproduzierbarkeit wurden mit alkoholischer Weinsäure als Ätzmittel erhalten. Die Beziehung von Ätzgruben zu Versetzungen wurde an KAl-Alaunkristallen untersucht. Eine Verbindung von mikroskopischen Einschlüssen mit Versetzungen mußte nach den Ätzergebnissen und den bestehenden Vorstellungen zu deren Bildungsmechanismus ausgeschlossen werden.

This paper presents investigations on etching of KAl-, NH_4Al-, KCr- and K(Al, Cr)-alum crystals. The etchant was a solution of tartaric acid in ethyl alcohol which produces well-defined etch pits on {111} faces. The correspondence of etch pits with dislocations was investigated by KAl-alum crystals. Between microscopic holes in the crystals and dislocations are not stated.

1. Einleitung

Die Untersuchungen an den Alaunen wurden im Hinblick auf die Bestimmung von Defekten (Einschlüsse, Versetzungen, unterschiedliche chemische Zusammensetzung) durch Ätzen durchgeführt. Sie schlossen an Arbeiten an, in denen die Entstehung von Gruben — durch Lösen mit Wasser — zum einen auf Einschlüsse (Gülzow 1963) und zum anderen auf lineare Defekte, die sich als Störungen aus dem Keim beim Weiterwachsen fortsetzen (Gülzow 1965), zurückgeführt wird. Bei den letzteren handelt es sich um „gröbere Linearstrukturen", nicht aber um Versetzungen. Sie können ihre Ursache in Konzentrationsschwankungen der Lösung während des Wachstums haben. Bereiche geringer Konzentration, die fadenförmig in Bündeln über der wachsenden Fläche auftreten, konnten an Alaunen nachgewiesen werden (Weyberg).

Ätzuntersuchungen an Alaunen, wie sie in älteren Arbeiten beschrieben werden, hatten die Erkennung der Symmetrie zum Ziel und beschränkten sich deshalb auf die Beobachtung der morphologischen Ausbildung der Gruben (z. B. Wulff; Klocke). Als „Ätzmittel" wurden dabei ausschließlich wäßrige Lösungen verwendet: verdünnte Mutterlösungen, wäßrige Lösungen isomorpher Alaune, wasserhaltige Säuren und Laugen.

Das Ätzen mit nichtwäßrigen Lösungen ist bisher in der Literatur ebensowenig beschrieben wie eine Anwendung der Ätzmethode zur Bestimmung der weiteren Realstruktur der Alaunkristalle.

2. Methodisches

Für die Untersuchungen wurden Kristalle der Endglieder KAl-, NH_4Al- und KCr-Alaun sowie der Mischphasen K(Al, Cr)-Alaun verwendet. Die Kristalle wurden aus wäßrigen Lösungen durch Verdunsten des Lösungsmittels gezüchtet; für die reinen Phasen wurden die Lösungen bei 20 °C gesättigt, für die Mischphasen enthielten sie die Komponenten in jeweils 0.3 molarer Konzentration. Von den KAl-Alaunen standen zusätzlich Kristalle aus laufenden Züchtungschargen des VEB Carl Zeiss Jena zur Verfügung.

Geätzt wurden von allen Kristallen {111}-Wachstums- oder Schnittflächen[1]), außerdem {100}- und {110}-Wachstumsflächen.

Als Ätzmittel war die Lösung von Weinsäure (d-, l-Weinsäure) in absolutem Äthanol (20 g/100 ml) am geeignetsten, wie sich aus Probeversuchen mit nachstehenden Lösungen erwies: organische Säuren — Eisessig, Ameisensäure und Oxalsäure, alkoholische Lösungen organischer Säuren — Salicylsäure und Fumarsäure in absolutem Äthanol, Salicylsäure in Äther.

Zum Ätzpolieren wurde mit gutem Erfolg eine 47%ige wäßrige Weinsäurelösung bei 55—60 °C verwendet. Die Abtragungsgeschwindigkeit betrug etwa 5 $\mu m \cdot min^{-1}$.

Die Kristalle wurden zum Ätzen für die gegebene Zeit in die Lösung getaucht, jedoch nicht bewegt. Gespült wurde in absolutem Äthanol, in dem die Kristalle auch nach längerer Zeit (10 min) keine Lösungserscheinungen aufwiesen.

3. Ergebnisse und Diskussion

3.1 Untersuchungen an KAl-, NH_4Al-Alaun

Auf {100}-Flächen konnte nur in wenigen Fällen ein flächenspezifischer Angriff in Form von Gruben beobachtet werden. Gruben entstanden auch nur bei Lösung mit Wasser bzw. Wasser/Alkohol-Gemischen (1:3) und relativ langen „Ätz"zeiten (5 s bzw. 6 min). Die Gruben sind stets flach und nicht sehr symmetrisch ausgebildet, ihre Kanten verlaufen parallel ⟨110⟩. Sie verschwinden bei der nachfolgenden Ätzung und sind dann auch nicht wieder zu erzeugen.

Die {110}-Flächen zeigten bei Lösung mit H_2O (1 s), H_2O/Alkohol-Mischungen und alkoholischer Weinsäurelösung (3 min) ähnliche Ergebnisse. Unabhängig vom Ätzmittel entstanden längliche, linsenförmige Gruben, die bei Anwendung von Wasser in lange, schmale Rippen (bis 50 μm lang) ausarteten. Im allgemeinen führten nacheinander ausgeführte Ätzungen nicht zu übereinstimmendem Grubensitus.

Die Untersuchungen an den {111}-Flächen lieferten dagegen bessere Ergebnisse. Ein Unterschied im Ätzverhalten von Wachstums- und Schnittflächen konnte nicht festgestellt werden.

Bei der Ätzung mit der angegebenen Lösung entstanden Ätzgruben verschiedenen Typs: 1. flache und abgeflacht pyramidale, 2. pyramidale und 3. spitzpyramidale, die wegen ihrer größeren Neigung zur geätzten Fläche dunkler erscheinen (Fig. 1). Die Grubenkanten der ersten beiden Typen lagen parallel ⟨110⟩, die des letzten waren demgegenüber um etwa 7—10° verdreht. Diese „asymmetrische" Lage der Grubenkanten ist nicht durch das optisch aktive Ätzmittel induziert, denn auf ein- und derselben Fläche waren die Gruben mit d- und l-Weinsäure in der gleichen Richtung verdreht, vielmehr ist ihre Ursache in der nur trigyrischen Symmetrie der {111}-Flächen zu sehen.

---

[1]) Die orientierten Schnitte wurden mit einer im Bereich Kristallographie gefertigten „Naßfadensäge" ausgeführt.

Die Dichte der spitzpyramidalen Gruben war sehr unterschiedlich. Sie schwankte in den Bereichen von $5 \cdot 10^4$ bis $1.5 \cdot 10^6$ cm^{-2}. Unterschiede traten vor allem zwischen den einzelnen Flächen eines Kristalls auf (Fig. 2). Auf der oberen Fläche der taflig ausgebildeten Kristalle war die größte Dichte in breiten Streifen, die von der Mitte der Fläche etwa senkrecht zu den Kanten verlaufen, zu finden.

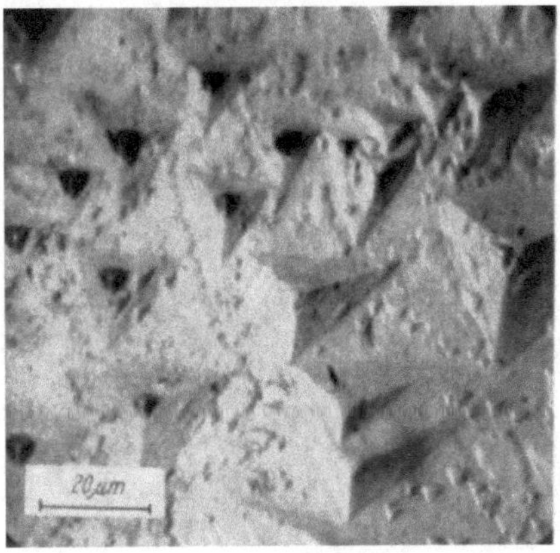

Fig. 1. Verschiedene Ätzgrubentypen auf {111} von KAl-Alaun; Ätzmittel: alkoholische Weinsäure (große Gruben durch H_2O)

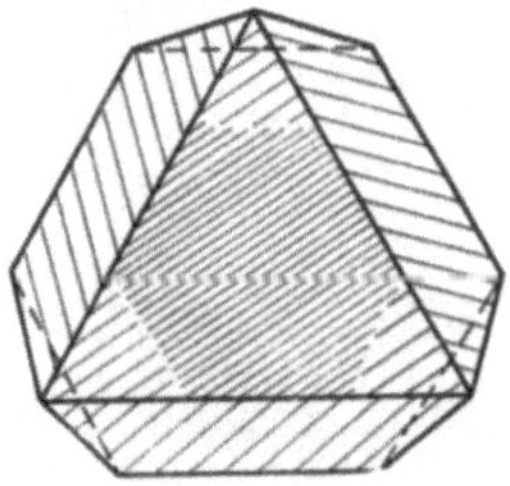

Fig. 2. Verhältnis der Ätzgrubendichten auf den {111} -Flächen (Dichte entsprechend der Schraffur)

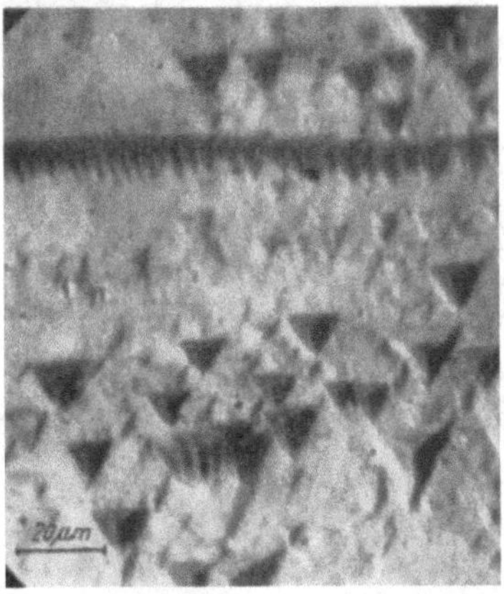

Fig. 3. Ätzgruben an einer Kleinwinkelkorngrenze; Ätzmittel: alkoholische Weinsäure

Aufreihungen von pyramidalen Gruben wurden hauptsächlich im Zusammenhang mit Oberflächenkratzern, solche, wie sie für Kleinwinkelkorngrenzen typisch sind, nur selten beobachtet (Fig. 3).

Im Sinne einer Mehrfachätzung sind Untersuchungen der Beziehungen zwischen Gruben aufzufassen, die einmal durch Wasser und zum anderen durch alkoholische Weinsäurelösung erzeugt wurden. Am augenscheinlichsten war zunächst der Größenunterschied. Grundsätzliche Bedeutung hat die gegenseitige Verteilung der Gruben, wobei die folgenden Unterschiede zu nennen sind: 1. Eine oder mehrere Weinsäuregruben lagen in spitzen Wassergruben (Fig. 4.a),

2. Nicht an jeder spitzen Wassergrube waren auch Weinsäuregruben zu beobachten, 3. An Stellen abgeflachter H_2O-Gruben befinden sich eine oder mehrere Weinsäuregruben (Abb. 4.b), 4. Unabhängig vom Situs der H_2O-Gruben entstanden Weinsäuregruben, 5. Die H_2O-Gruben waren im Gegensatz zu den Weinsäuregruben bei aufeinanderfolgenden Ätzungen nicht reproduzierbar, 6. Die

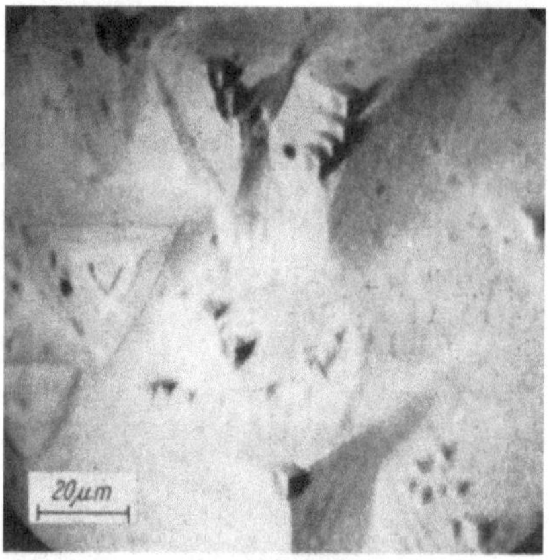

Fig. 4a. Entstehung einer oder mehrerer durch Weinsäure geätzter Gruben in spitzen durch H_2O bewirkten Gruben

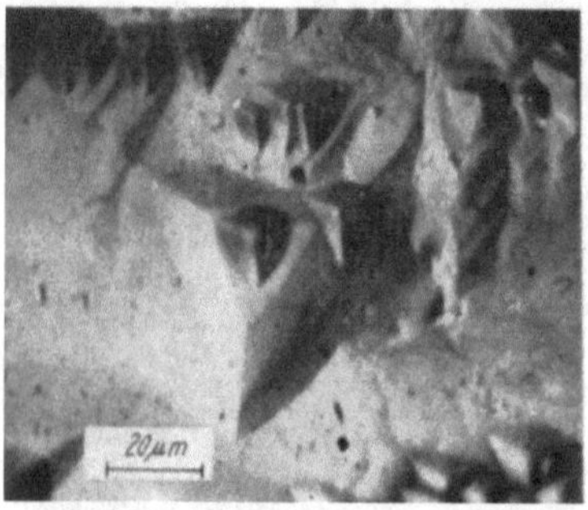

Fig. 4b. Entstehung durch Weinsäure geätzter Gruben in flachen durch H_2O gebildeten Gruben

Dichte der H_2O-Gruben war stets geringer als die der Weinsäuregruben, d. h. das „Auflösungsvermögen“ in bezug auf die nachweisbaren Defekte ist für die H_2O-Gruben kleiner.

Unter Beachtung der Ergebnisse, die in Abschnitt 4 beschrieben werden, muß gefolgert werden, daß die Ätzung mit Wasser zum Nachweis von Defekten, wie Versetzungen, bei den Alaunen nicht geeignet ist.

3.2 Untersuchungen an KCr-Alaun

Die Untersuchungen an KCr-Alaunen waren durch die geringe Beständigkeit der Oberflächen erschwert, da sie, bedingt durch ihren relativ hohen Wasserdampfdruck, starke Tendenzen zur Zersetzung aufweisen. Bei der Ätzung mit alkoholischer Weinsäure kam es zunächst zur Absetzung einer Schicht auf der Fläche, worunter vereinzelt Gruben zu beobachten waren. Reproduzierbare Ergebnisse konnten nicht erhalten werden.

3.3 Untersuchungen an K(Al,Cr)-Alaun

Die Ätzungen der Al–Cr-Mischkristalle (mit alkoholischer Weinsäure) unterschieden sich wesentlich von denen der einkomponentigen Alaune. Zunächst war auffallend, daß nur zu einem Teil an ihnen Ätzgruben erzeugt werden konnten. Im allgemeinen waren nur stark und weniger abgetragene Gebiete voneinander abgegrenzt (Fig. 5). Die stärker abgetragenen Stellen, deren Anteil an der

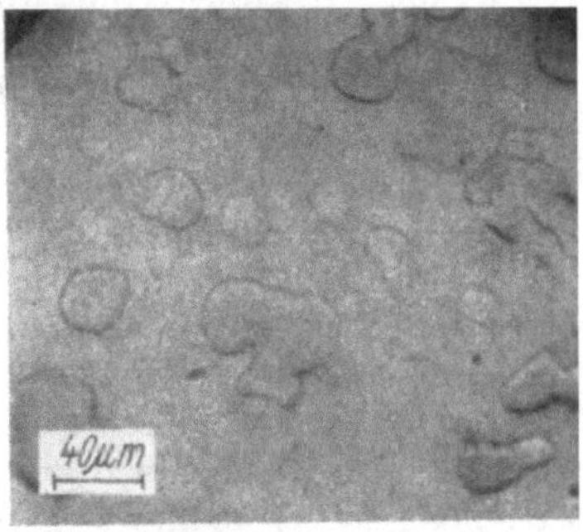

Fig. 5. Unterschiedlich stark angegriffene Bereiche der (111)-Fläche eines K(Al,Cr)-Alaunkristalls; Ätzmittel: alkoholische Weinsäure

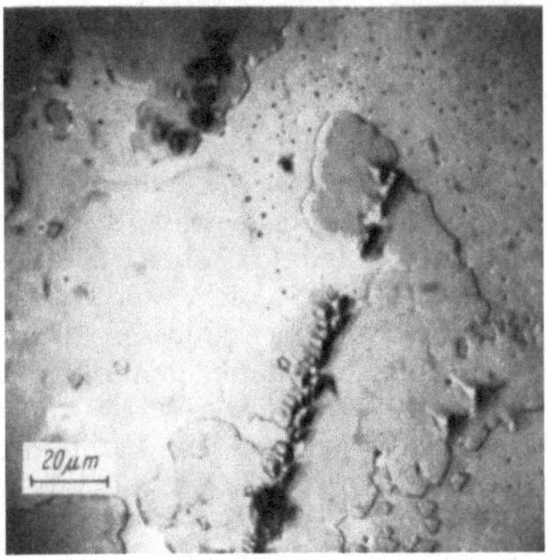

Fig. 6. Entstehung von Ätzgruben in den stark angegriffenen Bereichen eines K(Al,Cr)-Alaunkristalls; Ätzmittel: alkoholische Weinsäure

Gesamtfläche mit dem Al-Gehalt zunimmt, wiesen ein flaches Relief auf und hatten eine rundliche oder dreiecksähnliche Begrenzung. Ätzgruben wurden ausschließlich in den stark abgetragenen Gebieten beobachtet. Das wird besonders deutlich, wenn Ätzgrubenreihen an den weniger abgetragenen Stellen unterbrochen waren (Fig. 6).

Die Annahme, daß das domänenhafte Auftreten der Ätzgruben und der flächenmäßigen Abtragung mit einer ungleichmäßigen Al–Cr-Verteilung in den Mischkristallen in Zusammenhang steht, konnte mit dem Lasermikroanalysator (VEB Carl Zeiss Jena) bestätigt werden. Die Ätzgruben waren erwartungsgemäß in den Al-reicheren Gebieten entstanden, die Cr-reicheren Stellen dagegen vom Ätzmittel wenig angegriffen. Die Bereiche haben jeweils nur geringe Tiefe, weshalb nach Abtragung keine reproduzierbare Grubenverteilung auftritt und die Kristalle auch einheitlich gefärbt erscheinen.

4. Beziehung der Ätzgruben zu Defekten bei KAl-Alaunen

4.1 Beziehung zu Einschlüssen in den Kristallen

Mikroskopisch sichtbare Defekte der industriell und selbstgezüchteten Kristalle stellen die Einschlüsse dar. Sie sind in Reihen oder Schleiern angeordnet. In diesen schwankt ihr Abstand zwischen 2...5 μm; die Größe liegt bei 0.5...3 μm. Die Schleier liegen etwa in {111}-Ebenen, eine bevorzugte Orientierung der Reihen ist vereinzelt parallel {111} festzustellen.

Die Untersuchungen wurden im Hinblick auf den Idealitätsgrad der Gebiete zwischen einzelnen Einschlüssen durchgeführt. Dazu wurden solche Anordnungen von Einschlüssen ausgewählt, die etwa parallel zur {111}-Fläche verliefen. Durch chemisches Polieren wurde die Fläche bis auf mindestens 1 μm über den Einschlüssen abgetragen und dann geätzt. Aus einigen Versuchsserien läßt sich für diese Einschlußreihen sagen: An den Einschlüssen entstand zunächst eine Vertiefung in deren Form, die sich bei weiterem Ätzen zu einer Ätzgrube entwickelte. Die Gruben waren isoliert. Sie zeigten auch keine „Schwänze“, die eine Verbindung zu anderen Einschlüssen andeuten würden.

Zur Erklärung dieses Ergebnisses bieten sich die verschiedentlich beschriebenen Bildungsmechanismen von Einschlüssen an. Wesentlich dafür ist die Annahme, daß zwischen Gebieten normalen Wachstums untersättigte Bereiche entstehen, an denen die Lösung durch das tangentiale Wachstum darüberliegender Netzebenen die entstehenden Hohlräume ausfüllt. Daraus ist zu folgern, daß die Einschlüsse weitgehend isoliert voneinander bestehen. Die Veränderungen primär entstandener größerer Einschlüsse beobachtete AKIZUKI mikroskopisch speziell an Alaunkristallen. Sie bestanden in einer Teilung größerer plattiger Einschlüsse in längliche und dieser wiederum in Reihen kleinerer rundlicher. Dabei muß die eingeschlossene Mutterlösung an bestimmten Stellen auskristallisieren und an anderen den Hohlraum anlösen. Lineare Defekte, die an Einschlüsse angrenzen, werden längs ihrer Erstreckung angelöst. Eine absolute Bewegung von Einschlüssen wurde nicht festgestellt. Danach ist es wenig wahrscheinlich, daß die Einschlüsse durch lineare Störungen wie Versetzungen verbunden sind. In diesem Sinne sich auch Ergebnisse von GÜLZOW (1963) zu deuten, daß die geneigt zur geätzten Fläche verlaufenden Einschlußreihen nicht durch spitze Gruben markiert sind. Auch röntgentopographische Aufnahmen (Berg-Barrett-Methode, CuK$_\alpha$-Strahlung), die von im Rahmen der vorliegenden Arbeit verwendeten Kristallen angefertigt wurden, gaben keinen Hinweis auf das Vorhandensein von Defekten in Gebieten von Einschlußanhäufungen. Von EMARA et al. wurden zwar röntgentopographisch (Lang-Aufnahmen) Versetzungen in Alaunen nachgewiesen, die jedoch mit sehr großen Einschlüssen (100 bis 200 μm) in Zusammenhang stehen und von Kristallen angefertigt wurden, die aus stark übersättigten Lösungen gezüchtet wurden.

Es kann deshalb angenommen werden, daß die Einschlüsse in Alaunen weitgehend isoliert voneinander vorliegen. Eine Verbindung zwischen ihnen kann höchstens in linearen Defekten i.w.S. gesehen werden, die sich bei der „Umkristallisation“ der primär entstandenen größeren Einschlüsse zu kleineren gebildet haben. Sie werden aber nicht Versetzungen im eigentlichen Sinne entsprechen.

4.2 Beziehung zu Versetzungen

Durch mechanische Deformationen wurde versucht, Versetzungen in den Kristallen zu induzieren. Dazu wurden die {111}-Flächen in vertikaler Richtung (durch Eindrücke mit einem Mikrohärteprüfer) belastet.

Die Ätzungen nach sukzessivem Abtragen zeigten weitgehend Übereinstimmung in der Verteilung von Grubenaufreihungen in den aufeinanderfolgenden Stadien. Ihr Verlauf hatte nur teilweise kristallographische Orientierung. In

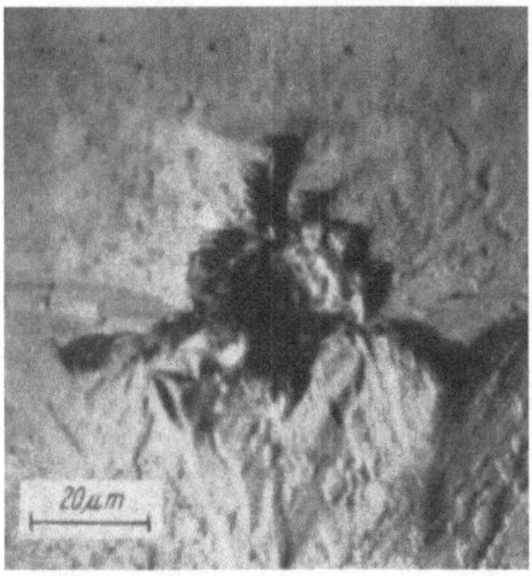

Fig. 7. Reihen von Ätzgruben $\langle\bar{1}12\rangle$ (ca. 30 µm unter der ursprünglichen Oberfläche); Ätzmittel: alkoholische Weinsäure

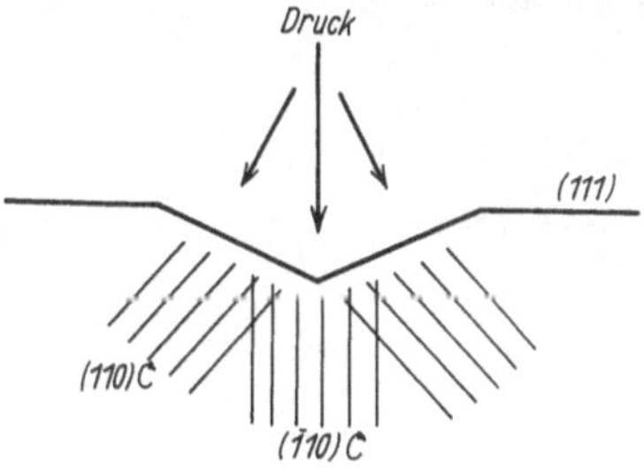

Fig. 8. Räumliche Verteilung der Gleitebenen an Eindrücken

den der Ausgangsfläche (111) nahen Bereichen sind Grubenreihen hauptsächlich parallel $[\bar{1}10]$ zu beobachten; nach stärkerer Abtragung trat eine zweite Orientierung von Grubenreihen nach $[\bar{1}\bar{1}2]$ auf, die jedoch weniger gut ausgeprägt war (Fig. 7).

Aus der Anordnung der Grubenreihen in den aufeinanderfolgenden Ätzungen ist auf ein System von {110}-Gleitebenen zu schließen, die sich bezüglich ihrer Neigung zur geätzten (111)-Fläche in zwei Gruppen unterscheiden lassen: 1. ∢ (110)-Ebenen, die geneigt zur (111)-Fläche verlaufen und mit dieser ∢ $[\bar{1}10]$-Schnittgeraden haben sowie 2. ∢ $(\bar{1}10)$-Ebenen, die senkrecht zu (111) verlaufen und ∢ $[\bar{1}\bar{1}2]$-Schnittgeraden mit dieser haben. Die räumliche Verteilung der durch die Grubenreihen bestimmten Ebenen zeigte, daß die Gleitung vor allem in Druckrichtung erfolgte (Fig. 8). Die Gleitvorgänge sind jedoch nicht sehr ausgeprägt, wie aus der geringen horizontalen und vertikalen Ausdehnung der Grubenreihen und ihrer wenig exakten Orientierung zu erkennen war.

In der Lokalisierung von Ätzgruben an Gleitebenen ist ein indirekter Beweis für ihren Zusammenhang mit Versetzungen gegeben. Dafür spricht auch die Beobachtung, daß bei sukzessivem Ätzen weitgehende Übereinstimmung im Situs der Ätzgruben bestand. Direkt konnten Versetzungen röntgenotopographisch nach der Berg-Barrett-Methode nicht nachgewiesen werden.

Literatur

Akizuki, Mizuhiko: Sci. Rep. Tohoku Univ. (3) 9, 217 (1965)
Emara, S. H., Lawn, B. R., Lang, A. R.: Phil. Mag. 19, 7 (1969)
Gülzow, H. J.: Physica status solidi 3, 1268 (1963)

Gülzow, H. J.: Physica status solidi **11**, 205 (1965)
Klocke, F.: Z. Krystallogr. **2**, 126 u. 552 (1878)
Weyberg, Z.: Z. Krystallogr. **36**, 40 (1902)
Wulff, L.: Z. Krystallogr. **5**, 81 (1881)

(Eingegangen am 15. Juli 1971)

Anschrift des Verfassers:

Dr. I. Hähnert
Sektion Physik, Bereich Kristallographie
der HU Berlin
104 Berlin
Invalidenstraße 43

Kristall und Technik	7	4	1972	427–444

C. DORNER und H. JAGODZINSKI

Universitätsinstitut für Kristallographie und Mineralogie München, BRD

Entmischung im System SnO_2–TiO_2

Will Kleber zum Gedenken

Die Entmischung in SnO_2–TiO_2-Mischkristallen mit 80 Mol% TiO_2 wird bei Temperaturen bis zu 940 °C und unter Drücken von 1,5 und 3,0 kbar untersucht. Die von STUBICAN und SCHULTZ in Kristallen mit 50 Mol% SnO_2 beobachtete Existenz einer aus SnO_2- und TiO_2-reichen Lamellen bestehenden, instabilen Zwischenphase, wird bestätigt. Es wird gezeigt, daß die Erklärung als periodische Dichteveränderung falsch ist. Die „side bands" in Röntgenpulverdiagrammen sind auf unterschiedliche c-Gitterkonstanten zurückzuführen. Hohe Drücke haben einen starken Verzögerungseffekt auf die Entmischung, der auf die Abnahme der Diffusionskonstanten zurückzuführen ist. Die Gegenwart von Wasser erhöht die Diffusionsrate der Ionen beträchtlich; auf Pulveraufnahmen kann die Zwischenphase nur mit Hilfe asymmetrischer Interferenzprofile beobachtet werden. Im Falle der Zwischenphase wird eine quantitative Interpretation des Röntgenbeugungsdiagramms gegeben. Die durchschnittlichen Dicken und Ti-, Sn-Konzentrationen der Lamellen werden genannt.

Exsolution in mixed crystals SnO_2–TiO_2 containing 80 mole% TiO_2 are investigated at temperatures up to 940 °C and under pressures of 1,5 and 3 kbars. The existence of an unstable interim phase consisting of lamellae rich in SnO_2 and rich in TiO_2 observed by STUBICAN and SCHULTZ in crystals containing 50 mole% SnO_2 is confirmed. It is shown that the explanation as periodic density fluctuation is wrong. The "side bands" observed in X-ray powder diffraction patterns are due to the different c-lattice-constants. High pressures have a strong retardation effect on exsolution, due to the decrease of the diffusion constant. The presence of water increases the diffusion rate of ions considerably; in powder diffraction the interim phase can only be observed with the aid of asymmetric X-ray reflections. The quantitative interpretation of X-ray diffraction pattern is given in the case of the interim phase. The averaged thicknesses and the Ti-, Sn-concentrations of the lamellae can be given.

1. Einleitung

Da die beiden Mineralien Zinnstein und Rutil in der Natur häufig vorkommen und interessante physikalische Eigenschaften aufweisen, haben sich bereits zahlreiche Arbeiten mit ihnen befaßt.

Die bereits 1916 von VEGARD untersuchte Rutilstruktur wurde zuletzt von BAUR verfeinert. Aus der engen Gitterverwandtschaft schloß man auf vollständige Mischbarkeit, doch deutet der große Unterschied im Kationenradius darauf hin, daß sich die Mischungslücke erst bei hohen Temperaturen schließt. Tatsächlich findet man in der Natur im Rutil maximal 1,4% SnO_2, im Zinnstein maximal 5,5% TiO_2. Bereits 1935 gibt SCHUSTERIUS für das System unvollständige Mischbarkeit an, allerdings ohne genauere Angaben über Lage und

Ausdehnung der Mischungslücke zu machen. PADUROW und SCHUSTERIUS und PADUROW fanden über 1350 °C eine lückenlose Reihe von Substitutionsmischkristallen, wobei sich, entsprechend der VEGARD'schen Regel, die Gitterkonstanten linear mit der Zusammensetzung ändern. Bei 900 °C erstreckt sich die Mischungslücke von 17—83 Mol-% TiO_2. Arbeiten von COUGHANOUR und DIETZEL und POCH bestätigen im wesentlichen diese Ergebnisse.

STUBICAN und SCHULTZ untersuchten die Entmischung an Proben mit dem molekularen Mischungsverhältnis 1:1 bei Normaldruck und 1000 °C mit Hilfe des Elektronenmikroskops und mittels röntgenographischer Verfahren. Die Autoren geben für den Beginn der Entmischung eine Modulation der Struktur in c-Richtung an. Im Elektronenmikroskop wurden in diesem Stadium Lamellen senkrecht zu c mit einer Dicke von 100—400 Å beobachtet. Gleichzeitig zeigten die Reflexe *hkl* mit $l \neq 0$ Begleitreflexe, die als Satelliten gedeutet wurden. Die Autoren geben folgendes Reaktionsschema an:

Mischkristall → kohärente modulierte Phase → inkohärente Gleichgewichtsphasen.

Den ersten Prozeß deuten die Autoren formal als Umwandlung an der Spinodalen. In der vorliegenden Untersuchung sollten unter verschiedenen Bedingungen Entmischungsversuche durchgeführt und mit den Modellvorstellungen über die Kinetik des Entmischungsvorgangs verglichen werden. Insbesondere sollte untersucht werden, ob Keimbildung oder Diffusion die Reaktionsgeschwindigkeit maßgeblich beeinflussen. Um auf analoge Vorgänge in der Natur schließen zu können, wurde die Auswirkung hohen Drucks und die Gegenwart fluiden Wassers geprüft. Es wurde ein Modell entwickelt, das in der Lage ist, die während der Entmischung auftretenden Röntgeninterferenzen quantitativ zu beschreiben.

2. Experimente

Alle Experimente wurden mit Proben der Zusammensetzung 80 Mol% TiO_2–20 Mol% SnO_2, die uns Herr Prof. Dr. SCHRÖCKE freundlicherweise zur Verfügung stellte, durchgeführt. Die Ausgangsproben wurden nach folgendem Verfahren hergestellt: TiO_2 und SnO_2 werden aus Titanylsulfat ($TiO(SO_4)$) und Natriumstannat (Na_2SnO_3) gemeinsam aus der Lösung gefällt, bis zur Gewichtskonstanz geglüht und zu Pillen gepreßt. Die übliche Temperung in offenen Pt-Tiegeln ist wegen des hohen Dampfdrucks des SnO und wegen seiner Neigung mit Platin zu legieren nicht möglich. Die Reaktion in verschlossenen Korundrohren lieferte nach 14 Tagen bei 1430 °C hinreichend homogene Proben. Um die Experimente von der Vorgeschichte der Proben möglichst unabhängig zu halten, wurden sämtliche Versuche mit Substanz aus einer Charge durchgeführt. Dennoch sind Effekte, die aus ungleicher Vor-

Tabelle 1
Gitterkonstanten des Mischkristalls und der reinen Phasen SnO_2 und TiO_2

	a (Å)	c (Å)
TiO_2	4.594	2.955
80 Mol% TiO_2 – 20 Mol% SnO_2	4.626	3.006
SnO_2	4.737	3.185

geschichte der Proben herrühren können, nicht ganz auszuschließen, da sich z. B. eine gepreßte Pille beim Herausnehmen aus dem Ofen am Rand schneller abkühlt als in der Mitte. Die Gitterkonstanten der reinen Komponenten und der von uns verwendeten Substanz gibt Tabelle 1 wieder.

Um auch Entmischungsversuche bei hohem Druck durchführen zu können, war der Bau einer Wasserdruckanlage erforderlich. Ihren Aufbau zeigt Figur 1. Die Anlage besteht aus einer Hochdruckkolbenpumpe (1), einer Ventilkombination (2),

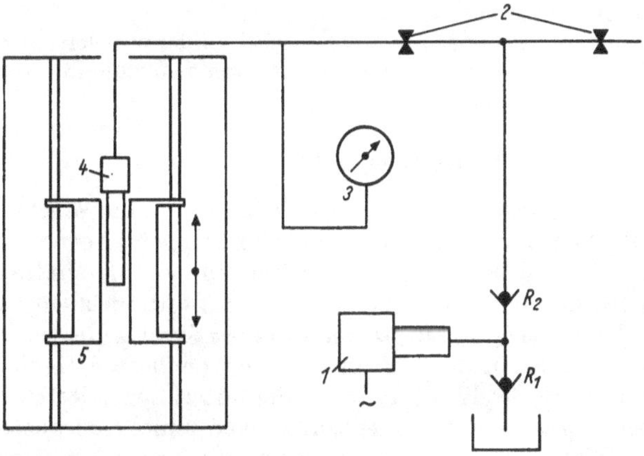

Fig. 1. Schema der Hochdruckanlage. Erläuterungen im Text

einem Manometer (3) und einem Kaltschlußautoklaven nach LUTH und TUTTLE (4), der während der Versuche in einem vertikal verschiebbaren Ofen (5) sitzt. Der Autoklav bewirkt eine sehr ungleiche Temperaturverteilung im Ofen. Um wenigstens im Bereich der Probenampullen über etwa 20 mm Länge Temperaturkonstanz zu erhalten, wurde die Ofenwicklung unterteilt, so daß beide Wicklungen getrennt regelbar sind.

Die Pumpe kann Wasserdruck bis maximal 3 kbar erzeugen. Die Berechnung der Belastbarkeit des Autoklaven nach VON MISES

$$p_i = 2/3 \cdot 2/\sqrt{3} \cdot \sigma_B \ln K$$

mit p_i = Innendruck, σ_B = Zugfestigkeit,

$K = r_a/r_i$ Radienverhältnis

ergibt für das gewählte Material und einen Innendruck von 3 kbar eine maximale Arbeitstemperatur von 800 °C, wenn man statt der Zugfestigkeit die Zeitstandfestigkeit für 1000 h bei 1000 °C zur Berechnung heranzieht. Da in erster Linie der Druckeinfluß auf die Entmischung untersucht werden sollte, wurde diese Temperatur einheitlich für alle Versuche gewählt. Die Reaktionszeit betrug bei den Normaldruckexperimenten zwischen 0,5 und 1012 h, für die HD-Experimente einheitlich 168 h.

Die Normaldruckexperimente wurden in offenen Platintiegeln in einem Ofen durchgeführt, dessen Temperatur auf ± 5 °C genau regelbar war. Für die Hochdruckexperimente wurde die fein pulverisierte Substanz in Platinröhrchen (⌀ 3 mm, Länge ca. 20 mm) eingeschweißt und im Autoklaven Druck und Temperatur ausgesetzt. Die Genauigkeit der Druckeinstellung ist dabei besser als $\pm 1\%$, der Ofen ist auf ± 2 °C genau regelbar. Für die Naßdruckexperimente wurde der Substanz ein Tropfen dest. H_2O zugesetzt.

Die Proben wurden nach den Versuchen in einer Guinier-Kammer mit fokussierendem Quarzmonochromator nach HOFFMANN-JAGODZINSKI röntgenographisch untersucht. In Verbindung mit einer Feinfokusröhre erlaubt diese Kammer Aufnahmen hoher Auflösung mit streng monochromatischer Cu-$K_{\alpha 1}$-Strahlung.

Zur Bestimmung der Gitterkonstanten wurden die Röntgenfilme mit Hilfe von Glasmaßstab und Meßmikroskop vermessen. Als Eichsubstanz diente Aluminium-Pulver. Damit lassen sich die Linien auf $\pm 0{,}01°$ genau einmessen.

Die Filme wurden mit einem im Institut entwickelten automatischen Densitometer mit linearer Intensitätsanzeige photometriert. Alle Registrierkurven wurden mit gleichem Film- und Papiervorschub aufgenommen, im Original entsprechen 10 cm auf dem Registrierpapier 1° ϑ.

Zur Bestimmung von Integralintensitäten und Linienprofilen wurden die entsprechenden Interferenzen mehrmals mit verschiedenen Graukeilen vermessen.

3. Theorie der Röntgenbeugung

Aus der Untersuchung des Ausscheidungsmechanismus an Mischkristallen mit dem Mischverhältnis 1:1 von Stubican und Schulz geht hervor, daß man die auftretende Fehlordnung mit einigen Einschränkungen als eindimensional ansehen kann. Allerdings tritt im fortgeschrittenen Stadium auch eine deutliche Aufspaltung des Reflexes (110) auf, was nur in dem Sinne gedeutet werden kann, daß die Kohärenz zwischen den Sn- und Ti-angereicherten Gebieten verloren geht. Wir wollen dieses Stadium, in denen die unten abgeleiteten Formeln nur unter bestimmten Voraussetzungen gelten, zunächst nicht berücksichtigen.

Den bisherigen Untersuchungen von Ausscheidungsmechanismen liegt meist die übliche Annahme einer Keimbildung zugrunde, d. h. es muß zunächst die Bildungswahrscheinlichkeit W_k eines sogenannten „kritischen Keims" angegeben werden. W_k wird weitgehend durch die spezifische freie Volumen- (oder Flächen-Energie, die spezifischen freien Oberflächen-(bzw. Kanten-)Energien und die Diffusionskonstanten der beteiligten Atome bestimmt, falls eine Diffusion zur Bildung des kritischen Keims notwendig ist. Diese Keime wachsen dann durch die Diffusion weiter. Wie der Ablauf dieser Festkörperreaktion aussieht, wird weitgehend durch W_k und die Aktivierungsenergien Q_i für den Platzwechsel der Atomart i bestimmt.

Im Falle der Entmischung des SnO_2 werden offenbar plättchenförmige Ausscheidungsbereiche gebildet; man könnte dazu formal die folgenden Modelle diskutieren:

1. Sn-reiche Gebiete scheiden sich im Ti-Mischkristall ab, d. h. die Konzentration von Sn im Ti-Mischkristall ändert sich kontinuierlich, während die Sn-reichen Gebiete entsprechend zunehmen.
2. Ti-reiche Gebiete bilden sich entsprechend unter Verarmung des Mischkristalls an Ti.
3. Ti- und Sn-reiche Gebiete bilden sich gleichzeitig. Der Mischkristall wird gewissermaßen nach Einsetzen der Entmischung rasch vollständig umgewandelt.

Das Auftreten der unter 1. und 2. genannten Vorgänge setzt voraus, daß die Diffusionsgeschwindigkeiten von Sn (für Fall 1) bzw. von Ti (für Fall 2) hoch genug ist. Fall 3 wird immer dann auftreten, wenn Diffusionsschwierigkeiten bestehen.

Da in den Fällen 1 und 2 ein „zweiphasiges" Beugungsbild, im Falle 3 aber ein „dreiphasiges" Beugungsbild erwartet wird, kann hier nach Figur 2 eindeutig auf das Vorliegen des Falls 3 (Diffusionsschwierigkeiten) geschlossen werden. Das gilt für alle Experimente, unabhängig vom Druck und der Anwesenheit von Wasser.

Im Bereich großer Keimbildungswahrscheinlichkeiten W_k wird dieser Prozeß an vielen Stellen gleichzeitig eintreten, d. h. die Teilchengröße der Bereiche mit

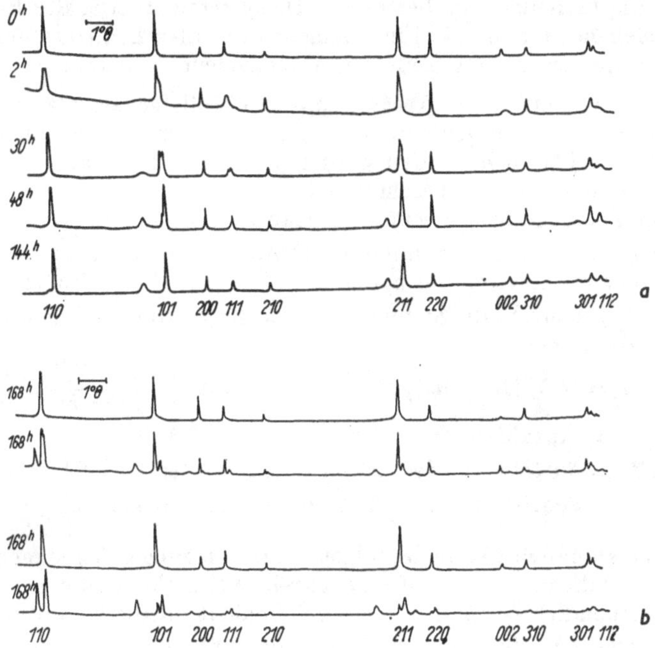

Fig. 2. Übersicht über die Registrierkurven der Pulveraufnahmen. Die Zahlen am linken Bildrand geben die Reaktionszeit in Stunden, die am unteren Bildrand die Indizierung der Reflexe an.

a) Normaldruckexperimente

b) Experimente bei hohem Druck. Von oben: 1,5 kbar trocken, 1,5 kbar „naß", 3 kbar trocken, 3 kbar „naß"

der Struktur des Ausgangsmischkristalls wird rasch klein. Für unsere Untersuchungen trifft das nicht zu, wie der Vergleich mit den Photometerkurven der Figur 2 lehrt. Die Reflexe des Ausgangsmischkristalls bleiben vielmehr scharf, es liegen daher erhebliche Werte für W_k vor.

Die Unterschiede der Gitterkonstanten zwischen SnO_2 und TiO_2 sind nach den Angaben in Tabelle 1 für c am größten. Wegen der bei der Keimbildung auftretenden Spannungen muß daher mit blättchenförmigen Ausscheidungen parallel (001) (wie beobachtet!) gerechnet werden, die sehr rasch in den Richtungen [uv0] wachsen, und nach Erreichung der maximalen Größe nur noch Spannungen in der Ebene (001), nicht aber senkrecht dazu aufweisen, da eine Änderung der Gitterkonstanten in Richtung [001] keine Spannungen mehr erzeugt.

Unter Berücksichtigung der im obigen Absatz geführten Diskussion ist das folgende statistische Modell für die Deutung der beobachteten Beugungsbilder am wahrscheinlichsten:

a) Durch Diffusion mit minimalen Wegen scheidet sich im Ausgangsmischkristall zunächst eine Ti-reiche und eine Sn-reiche Lamelle ab
b) die bestehende Spannung in den Randgebieten begünstigt die Keimbildung weiterer Lamellenpaare, d. h. das Kristallkorn erhält eine Lamellenstruktur der Ausscheidung. Die Dicke der Einzellamelle wird durch W_k und die Q_i bestimmt
c) Haben die Lamellen eine bestimmte Dicke erreicht, tritt der Bruch auch in der Lamellenebene ein. Die Einzellamellen zerfallen in unzusammenhängende noch parallel-orientierte Teile mit verschiedenen Gitterkonstanten a.

Da die Interferenzen des Ausgangsmischkristalls scharf bleiben, kann man annehmen, daß die Röntgenbeugung der dicken Lamellen der nicht umgewandelten Teile inkohärent behandelt werden darf; d. h., man kann die Statistik auf die Ausscheidungslamellen beschränken.

Das Röntgenbeugungsproblem kann man nach JAGODZINSKI (1954) wie folgt lösen: wir nehmen das Gitter in den Richtungen $\vec{a}$ und $\vec{b}$ als periodisch an; nennen wir ferner F_T bzw. F_S das Streuvermögen einer Zelle des Ti-(bzw. Sn-)reichen Kristalls, so ergibt die Summation über die geordneten Richtungen $\vec{a}$, $\vec{b}$ die Intensitätsgleichung

$$I = R \sum_m [N - |m|] \, \overline{FF_m^*} \, e^{2\pi i m l}, \quad \text{mit } R \frac{\sin^2 \pi N_1 h}{\sin^2 \pi h} \cdot \frac{\sin^2 N_2 k}{\sin^2 \pi k}, \tag{1}$$

N_1, $N_{2'}$ = Anzahl der Translationen in $\vec{a}$ und $\vec{b}$.
$\overline{FF_m^*}$ = Mittelwert des Streuwertproduktes $F \cdot F^*$ zweier um m Schritte in der $\vec{c}$-Richtung entfernten Zellen.

$\overline{FF_m^*}$ kann man nun mit Hilfe der folgenden Überlegungen berechnen: Ist $(1-\alpha_1)$ die Wahrscheinlichkeit, daß auf eine Ti-reiche Schicht wieder eine solche folgt und entsprechend $(1-\alpha_2)$ die Wahrscheinlichkeit für die Fortsetzung einer Sn-reichen Schicht, so kann man zeigen (JAGODZINSKI 1954), daß die a-priori Wahrscheinlichkeiten p_T, p_S und die a-posteriori-Wahrscheinlichkeiten $p_{ik}(m)$ (Wahrscheinlichkeit, daß auf eine Schicht der Art i im Abstand m eine Schicht der Art k folgt) durch die Matrix

$$P(m) = \begin{matrix} & \text{Ti} & \text{Sn} \\ \begin{matrix}\text{Ti} \\ \text{Sn}\end{matrix} & \multicolumn{2}{c}{\begin{pmatrix} 1-\alpha_1 & \alpha_1 \\ \alpha_2 & 1-\alpha_2 \end{pmatrix}^m} \end{matrix} \tag{2}$$

angegeben wird. Da die Matrix P in unserem Fall durch eine Ähnlichkeitstransformation auf Diagonalform gebracht werden kann, können die Elemente $p_{ik}(m)$ durch die Eigenwerte λ_1, λ_2 von P ausgedrückt werden. Es gilt

$$p_{ik}(m) = \sum_{l=1}^{2} C_{ikl} \, \lambda_e^m \tag{3}$$

Die C_{ikl} in Gleichung (3) lassen sich nach JAGODZINSKI und HELLNER aus den Randbedingungen ermitteln.

Für das Röntgenbeugungsproblem reicht nun Gleichung (3) deswegen noch nicht aus, weil die Schichtdicken der Ti- bzw. der Sn-reichen Schicht verschieden sind. Ist $\Delta \cdot c$ die entsprechende Schichtdickendifferenz, so muß nach einer Ti-reichen Schicht ein Phasenfaktor $e^{-2\pi i \Delta l} \left(\Delta = \frac{\Delta c}{c}\right)$, nach einer Sn-reichen

Schicht der Phasenfaktor $e^{+2\pi i \Delta l}$ eingeführt werden. Die Elemente der 1. bzw. 2. Reihe der Matrix P in Gleichung (2) sind also mit $e^{-i\varphi}$ bzw. $e^{+i\varphi}$ zu multiplizieren. Damit erhalten wir die Gleichung für die Eigenwerte

$$\begin{vmatrix} (1-\alpha_1)\, e^{-i\varphi} - \lambda & \alpha_1\, e^{-i\varphi} \\ \alpha_2\, e^{+i\varphi} & (1-\alpha_2)\, e^{+i\varphi} - \lambda \end{vmatrix} = 0 \tag{4}$$

Die Auswertung von (4) führt auf die Eigenwerte

$$\lambda_{1,2} = (1-\alpha)\cos\varphi - i\,\alpha\, t \sin\varphi \pm$$
$$\pm \sqrt{[\alpha\, t \cos\varphi - i\,(1-\alpha)\sin\varphi]^2 + \alpha^2\,(1-t^2)} \tag{5}$$

wenn man $\alpha_1 = \alpha\,(1-t)$ und $a_2 = \alpha\,(1+t)$ setzt.

Für kleine $\alpha^2\,(1-t^2)$ bestimmt man die beiden Eigenwerte in Gleichung (5) näherungsweise zu

$$\lambda_1 \approx [1-\alpha\,(1-t)]\, e^{-i\varphi};\quad \lambda_2 \approx [1-\alpha\,(1+t)]\, e^{+i\varphi} \quad \text{für } \alpha^2\,(1-t^2) \to 0 \tag{5a}$$

Mit λ_1 und λ_2 kann man nach Jagodzinski und Hellner $\overline{FF_m^*}$ in Gleichung (1) bestimmen. Man erhält nach umfangreicher Rechnung mit

$$P_T = \frac{1+t}{2};\quad P_S = \frac{1-t}{2} \qquad \text{und}$$

$$\overline{FF_m^*} = (K_1 + A + iB)\,\lambda_1^m + (K_1 - A - iB)\,\lambda_2^m \tag{6}$$

mit

$$K_1 = \frac{1}{4}\,[2A_0^2 + 2\,A_1A_0\,(1-t) + A_1^2\,(1-t)]$$

$$A \approx \frac{1}{2\,C_0}\left\{\alpha^2 t^2\,(1+C)\cos^2\varphi \left[A_0^2 + (1-t)\,A_1A_0 - \frac{1}{2}\,t\,(1-t)\,A_1^2\right] + \right.$$
$$\left. + (1-\alpha)^2\,(1-C)\sin^2\varphi \left[t\,A_0^2 - (1-t)\,A_1A_0 - \frac{1}{2}\,(1-t)\,A_1^2\right]\right\}$$

$$B \approx \frac{1}{2\,C_0}\left\{\frac{1}{2}\,\alpha\,(1-\alpha)\sin 2\varphi \;\times\right.$$
$$\times \left[(1-C)\left[A_0^2 + (1-t)\,A_1A_0 - \frac{1}{2}\,(1-t)\,A_1^2\right]\right.$$
$$\left.\left. - (1+C)\,t\left[t\,A_0^2 - (1-t)\,A_1A_0 - \frac{1}{2}\,(1-t)\,A_1^2\right]\right]\right\}$$

$$C = \frac{\alpha^2\,(1-t^2)}{2\,[\alpha^2\,t^2\cos^2\varphi + (1-\alpha)^2\sin^2\varphi]}$$

$$C_0 = \frac{1}{[\alpha + \cos\varphi\,(1+C)]^2 + [(1-C)\,(1-\alpha)\sin\varphi]^2}$$

Für $h + k + l = 2\,n$ gilt für A_0 und A_1:

$$A_0 = f_{Ti} + 2f_0\cos(2\pi\,h)\cos(2\pi\,k)$$

$$A_1 = f_{Sn} - f_{Ti}$$

$$f_\nu = \text{Streuwert des Atoms der Art } \nu$$

Die obigen Ausdrücke für A und B gelten nur näherungsweise für kleine $\alpha^2 (1 - t^2)$.

Mit Gleichung (6) kann man die Summation in Gleichung (1) ausführen und erhält die folgende Gleichung für die Intensität

$$J(hkl) = R \sum_{\nu=1}^{2} \left\{ [(K_1 + (-1)^\nu A] \frac{1 - |\lambda_\nu|^2}{1 - 2\,|\lambda_\nu| \cos [2\,\pi\, l + (-1)^\nu \varphi] + |\lambda_\nu|^2} + (-1)^\nu \varphi\, 2B\, |\lambda_\nu| \frac{\sin [2\,\pi\, l + (-1)^\nu \varphi]}{1 - 2\,|\lambda_\nu| \cos [2\,\pi\, l + (-1)^\nu \varphi] + |\lambda_\nu|^2} \right\} \tag{7}$$

Wie bereits früher erläutert wurde, liefert das 1. Glied in Gleichung (7) den symmetrischen Anteil zu einem Reflex, der um $\pm\,\varphi = \pm\, 2\,\pi\, \Delta l$ verschoben ist ($l = 1$ entspricht hier der reziproken Länge $1/c$ mit $\bar{c} = 3{,}070$ Å mittlerer Abstand der beiden Schichtarten).

Das weitere Glied bestimmt den jeweiligen antisymmetrischen Anteil zu jedem der beiden diffusen Reflexe. Man erkennt ferner, daß die Reflexe mit $l = 0$ ($\varphi = 0$) wegen $B = 0$ in Gleichung (6) symmetrisch sind.

Es folgt weiterhin aus dieser Gleichung, daß die antisymmetrischen Anteile für den zu λ_1 gehörenden Reflex wegen des Vorzeichenwechsels bei λ_2 gegenläufig sind. Ein Blick auf die Aufnahmen und Photometerkurven der Abbildungen lehrt, daß dieser auf allen Aufnahmen beobachtet wird.

4. Auswertung

Die Auswertung der Pulver-Aufnahmen erfolgte unter Anwendung besonderer Vorsichtsmaßnahmen. Es wurde eine Entzerrung vorgenommen, damit die in dem Bereich $l + \Delta l$ fallende Intensität intensitätsgetreu wiedergegeben wird. Dazu wurden l in gleichen Intervallängen vorgegeben und auf die Winkelwerte ϑ der Pulveraufnahme umgerechnet. Die in die Intervalle fallenden Integralintensitäten an der Pulveraufnahme wurden aufgetragen; das liefert die mit dem richtigen Lorentzfaktor korrigierte Intensität in Abhängigkeit von l.

Nach Ausführung dieser Korrektur werden zunächst die symmetrischen Anteile der beobachteten Reflexprofile bestimmt. Daraus erhält man durch Vergleich mit den Halbwertsbreiten der berechneten Intensitäten gemäß Gleichung (7) $|\lambda_1|$ und $|\lambda_2|$. Anschließend werden die asymmetrischen Anteile nach einem Interpolationsverfahren gemessen. Die Qualität dieses Vergleiches wird für ein Beispiel in Figur 3 gezeigt. Man erhält damit die Größe von B relativ zu A. Da die so ermittelten Reflexe nicht aus den Ideallagen verschoben werden, erübrigt sich die Ermittlung von φ. Das ist zugleich ein Kriterium, ob die in (5a) angegebenen Näherungswerte für ψ_ν richtig sind. Trifft das nämlich nicht zu, so berechnet man besonders für ψ_2 von $-\,\varphi$ abweichende Werte, die eine Reflex-Verschiebung gegenüber den Ideallagen $\pm\,\varphi$ anzeigen.

Mit diesen Werten von $|\lambda_1|$ und $|\lambda_2|$ kann man α und t aus Gleichung (5) berechnen. Da A_0, A_1 aus Strukturdaten annähernd bekannt sind, kann man die experimentellen Werte für $K_1 \mp A$ und B gemäß Gleichung (7) für die verschiedenen Reflexe vergleichen und damit die Richtigkeit von t überprüfen. Da aber andererseits die Größen A_0, A_1 davon abhängen, ob die Ausscheidungen bereits die ideale Stöchiometrie besitzen oder davon abweichen, kann man eine Korrektur zur Ermittlung der richtigen Konzentrationen vornehmen. Das Ergebnis dieser Messungen ist für die Temperungen bei Normaldruck in Tabelle 1 wiedergegeben.

Aus den Werten von $\alpha_2 = \alpha(1 + t)$ und $\alpha = \alpha(1 - t)$ lassen sich in einfacher Weise die mittleren Schichtdicken $\bar{d}$ berechnen. Da $1 - \alpha_1$ bzw. $1 - \alpha_2$

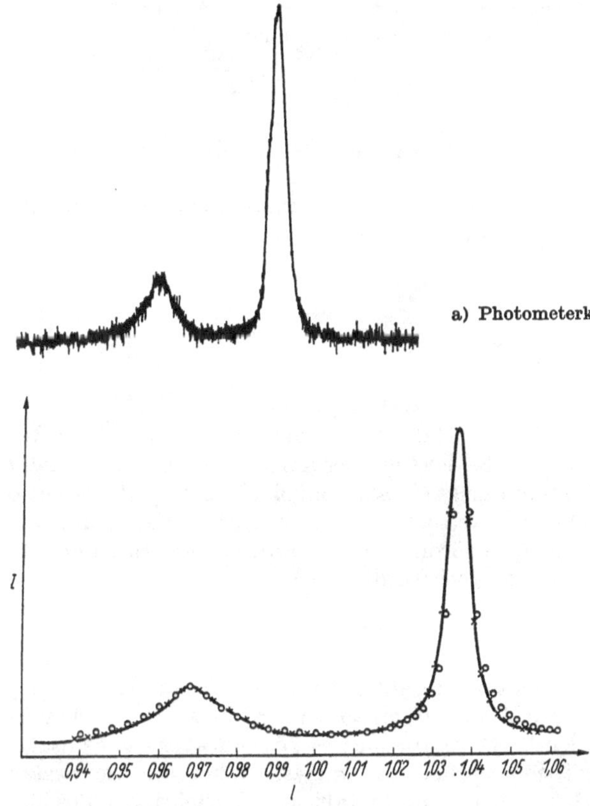

a) Photometerkurve

b) Entzerrte Photometerkurve;
○○○○ symmetrischer Anteil gem. Gleichung (7)
×××× Summe des symmetrischen und antisymmetrischen Anteils
Ergebnis der Auswertung $A_1 : A_2 : B_1 : B_2$ 1.00 : 0.54 : 0.21 : 0.22

Fig. 3. Modell der Auswertung der Reflexgruppe (211) (48 h bei Normaldruck und 800 °C getempert).

die Wahrscheinlichkeiten angeben, daß eine Folge Ti-reicher Schichten bzw. Sn-reicher Schichten fortgesetzt wird, gilt

$$\bar{d}_\nu = c_\nu \sum_{n=1}^{\infty} (1 - \alpha_\nu)^{n-1} \alpha_\nu \cdot n \tag{8}$$

mit $\bar{d}_\nu$ = mittlere Schichtdicke und c_ν = c-Gitterkonstante der beiden Phasen.

Die Auswertung von Gleichung (8) ergibt

$$\bar{d}_\nu = \frac{c_\nu}{\alpha_\nu} = \frac{c_\nu}{\alpha[1 - (-1)^\nu t]} \tag{9}$$

Die so ermittelten Werte für $\bar{d}_\nu$ sind ebenfalls in Tabelle 1 enthalten. Während der Auswertung ergab sich, daß die quantitative Deutung nur dann befriedigend vorgenommen werden kann, wenn man annimmt, daß im Bereich des ersten Entmischungsstadiums Konzentrationen auftreten, die von den Gleichgewichtskonzentrationen erheblich abweichen. Es ist daher hier notwendig, die Bedeutung von t und f_T und f_S in Gleichung (7) genauer zu diskutieren.

Nach Gleichung (9) bestimmt t die mittlere Anzahl Schichten pro Einzellamelle. Ist nun c_T die Konzentration der Ti-Atome in der titanreichen Lamelle und c_S die Konzentration der Sn-Ato mein der zinnreichen Lamelle, so sind in Gleichung (7) f_T und f_S durch folgende Ausdrücke gegeben:

$$\begin{aligned} f_T &= c_T\, f_{\mathrm{Ti}} + (1 - c_t)\, f_{\mathrm{Sn}} \\ f_S &= c_S\, f_{\mathrm{Sn}} + (1 - c_s)\, f_{\mathrm{Ti}} \end{aligned} \tag{10}$$

f_T und f_S sind also Mittelwerte des Streuvermögens der Kationen in den beiden Lamellensystemen.

c_T, c_T und t sind nicht unabhängig, sondern werden unter Anwendung von (9) durch die beiden linear abhängigen Gleichungen

$$\begin{aligned} c_T\,\frac{(1+t)}{2} + (1 - c_S)\,\frac{1-t}{2} &= 0{,}8 \\ c_S\,\frac{(1-t)}{2} + (1 - c_T)\,\frac{1+t}{2} &= 0{,}2 \end{aligned} \tag{11}$$

verknüpft.

t ist nun gemäß Gleichungen (5) und (7) direkt aus den Linienprofilen der den Eigenwerten λ_1 und λ_2 zugeordneten Reflexe zu bestimmen. Es zeigt sich, daß t ziemlich unabhängig vom Temperungsgrad ist; gemäß Gleichung (9) ist also das Verhältnis der beiden Schichtdicken annähernd konstant. Man kann nun aber die Realteile, die zu λ_1 und λ_2 gehören, aus den Aufnahmen ermitteln und erhält daraus einen experimentellen Wert für das Verhältnis

$$\frac{A_1 + K}{A_1 - K}$$

Nun berechnet man mittels Gleichung (6) unter Verwendung von (11) ein c_S, das diesem Verhältnis entspricht. Als Kontrolle für die Richtigkeit des Modells wird B mit dem experimentellen Wert verglichen; es können aber auch zusätzliche Reflexgruppen herangezogen werden. Es wurden daher die am besten meßbaren Reflexgruppen (101) und (211) ausgewählt, um die Richtigkeit des hier vorgeschlagenen Modells zu überprüfen.

Das Ergebnis wird in Tabelle 2 zahlenmäßig belegt.

Danach bleiben die Werte für t über den gesamten beobachteten Bereich etwa konstant. Das errechnete Verhältnis der Lamellendicke entspricht ungefähr dem vorgegebenen Mischungsverhältnis TiO_2:SnO_2. Die Summe der Schichtdicken ist in guter Übereinstimmung mit den von STUBICAN und SCHULTZ beobachteten. Wie zu erwarten, ist unser größter beobachteter Wert etwas kleiner als der Maximalwert in dieser Arbeit. Der Fehler in der Dickenbestimmung ist bedingt durch den Fehler von α ($\pm$ 0.005). Die Übereinstimmung der errechneten mit den beobachteten Werten von B ist befriedigend, wenn man folgende Gesichtspunkte beachtet: Wegen der nicht vernachlässigbaren Teilchengröße der Pulverkörner bzw. der homogenen kristallinen Bereiche überlagert sich den Linienprofilen sowohl ein Teilchengrößen- als auch ein Spannungseffekt. Dieser Einfluß wirkt sich auf die Integralintensität, die hier durch die Konstante A wiedergegeben wird, nicht aus, beeinflußt aber die Asymmetrie der Reflexe, wie

Tabelle 2
Übersicht über die Auswertung von Gleichung (7) und (9). Die Werte von A und B sind auf das errechnete A_1 des Titan-Reflexes normiert

Zeit (h)	(hkl)	ϱ_{10}	ϱ_{1c}	ϱ_{20}	ϱ_{2c}	α	t	d_1	d_2	A_1	A_{20}	A_{2c}	B_c	$2\varrho_1 B_{1c}$	B_{10}	$2\varrho_2 B_{2c}$	B_{20}	c_S	c_T
2	101	0.974	0.980	0.87	0.878	0.07	0.7	151.0	25.0	172	292	188	47	92	73	–83	–81	1	1*
4	211	0.955	0.963	0.841	0.831	0.10	0.6	79.3	18.6	240	213	219	98	190	122	–164	–122	0.9	0.98*
30	101	0.974	0.976	0.909	0.902	0.06	0.6	132.2	30,9	167	161	164	43	83	63	–72	–67	0.70	0.93
30	211	0.966	0.972	0.894	0.884	0.07	0.6	113.3	26,5	253	189	183	65	125	106	–114	–106	0.72	0.93
48	101	0.984	0.986	0.937	0.933	0.04	0.65	226.6	45.0	195	110	119	24	48	41	–45	–41	0.58	0.88
48	211	0.980	0.986	0.937	0.933	0.04	0.65	226.6	45.0	276	149	148	32	64	61	–61	–61	0.64	0.89
144	101	0.99	0.988	0.955	0.952	0.03	0.6	264.3	61.9	167	160	160	21	41	39	–40	–39	0.67	0.92
144	211	0.975	0.984	0.940	0.935	0.04	0.6	198.3	46.5	279	106	136	33	65	57	–62	–57	0.5	0.88**

* diese Werte sind wegen der relativ hohen Untergrundkorrektur unsicher
** beginnende Aufspaltung von (110) (Gl. (7) ungültig)

Erläuterungen:

Die erste Spalte gibt die Temperzeit in Stunden wieder.
$\varrho_{\nu 0} = |\lambda_\nu|$ gemessen; $\varrho_{\nu c} = |\lambda_\nu|$ berechnet
α, t vgl. Gl. (7), d_1, d_2 vgl. Gl. (9); $A_{\nu 0}$; $B_{\nu 0}$; $A_{\nu c}$; $B_{\nu c}$ beobachtete (o) und berechnete (c) Größen A, B gem. Gl. (7)
c_S, c_T = Konzentrationen nach Gl. (11)

die folgende Überlegung zeigt. Die mathematische Beschreibung des zu erwartenden Effekts geschieht durch eine Gaußfunktion, deren Wert auf Grund der Spannungen auch vom Glanzwinkel abhängt. Die Konstante B in Gleichung (7) hängt aber wesentlich von der Verbreiterungsfunktion ab. Daher führt die experimentelle Bestimmung immer auf zu kleine B. Der Fehler wird noch wesentlich größer (in ungünstigen Fällen um den Faktor 3), wenn die Anpassung in der Nähe des Maximums vorgenommen wird. Leider ist bei der Pulveraufnahme wegen des hohen Untergrunds eine Anpassung am „Fuß" der Interferenz, wo sich die Faltung nicht so stark auswirkt, nur bedingt möglich; daher weichen die beobachteten Werte für B von den errechneten vor allem bei den sehr diffusen Linien ab. Die Konzentration von Sn in den Sn-reichen Lamellen bleibt annähernd konstant (mit Ausnahme der ersten beiden Werte, die auf Grund der schwierigen Untergrundkorrektur ungenau sind). Die leichte Abnahme mit zunehmender Temperzeit ist vermutlich auf die Dehnung der a-Gitterkonstante des Ti-reichen Mischkristalls zurückzuführen; das starke Absinken beim letzten Wert hängt mit der beginnenden Aufspaltung des (110)-Reflexes zusammen.

5. Temperung bei hohen Drücken

Während eine Temperung von 168 h bei 800 °C ausreicht um den übersättigten Mischkristall in den Zustand der Übergangsstruktur mit gleichen a-Gitterkonstanten zu bringen, ist bei 3 kbar fast nichts davon zu entdecken, vgl. dazu Figur 2. Leichte Asymmetrien der Wirtgitter-Reflexe (101) und (211) sind aber, besonders bei den 1,5 kbar-Temperungen deutlich zu erkennen. Die Deutung dieser Diagramme ist ebenfalls mit Hilfe von Gleichung (7) möglich. Wie aus der Diskussion der Niederdruck-Temperungen hervorgeht, sind Reflexe mit Eigenwerten $|\lambda| < 0.8$ in Pulveraufnahmen wegen ihrer großen Diffusität nicht mehr zu erkennen. Dieser Wert von $|\lambda|$ entspricht etwa einem $\alpha \approx 0.1$, aus dem man gemäß Gleichung (9) eine Schichtdicke von ca. 20 Å berechnet, d. h. unterhalb dieser Schichtdicke der Ausscheidungsbereiche ist eine Erkennung der Ausscheidung im Pulverdiagramm nicht möglich. Einzig und allein erkennbar bleiben noch die Asymmetrien der Reflexe. Die folgende Abschätzung möge das Gesagte erläutern. In dem für uns interessanten Bereich ist $\alpha \approx 0.3$ etwa der zu diskutierende Maximalwert. Damit die Stöchiometrie des Ausgangsmischkristalls invariant bleibt, muß t sehr nahe an 1 liegen, wenn die Ausscheidungsgebiete nicht sehr von der idealen Zusammensetzung abweichen. In diesem Falle sind die beiden Eigenwerte durch Gleichung (5a) gegeben. Man erkennt sofort, daß z. B. für $\alpha = 0.3$ und $t = 0.9$ $|\lambda_1| = 0.97$ und $|\lambda_2| = 0.43$ ist. Nach Gleichung (7) trägt λ_2 praktisch nur zum diffusen Untergrund bei; der auf Pulveraufnahmen kaum zu messen ist. Die Konstante B in Gleichung (7) ist aber im Vergleich zu den Lösungen mit kleinen α-Werten wegen des Faktors α $(1 - \alpha)$ erheblich. für $\alpha = 0.05$ beträgt α $(1 - \alpha) \approx 0.05$, für $\alpha = 0.3$ dagegen 0.21, ist also viermal so groß. Damit ist klar, daß der Einfluß auf das Linienprofil der Interferenz das eigentlich empfindliche Kriterium für die beginnende Entmischung ist.

Daß die Entmischung bei hohen Drücken wesentlich langsamer vor sich geht, ist verständlich, da ein steigender Außendruck für jeden denkbaren Mechanismus der Diffusion die Aktivierungsenergie für den Platzwechsel erhöhen muß. Da bei Normaldruck schon Diffusionsschwierigkeiten die Ausscheidung charakterisieren, ist daher die weitere Hemmung durch den Druck vorauszusehen. Auf die quantitative Auswertung der Trockendruckversuche sei hier jedoch verzichtet.

Hochdrucktemperungen unter Mitwirkung von Wasser verursachen einen ganz anderen Verlauf der Entmischung (vgl. Fig. 2). Schon bei kurzzeitigen Temperungen beobachtet man eine Aufspaltung des Reflexes (110). Die ursprüngliche Annahme, daß ein Wachstum der neuen Sn- und Ti-reichen Phasen über einen Flüssigkeitsfilm oder gar die überkritische Gasphase erfolgt, konnte jedoch aus folgenden Gründen nicht gehalten werden:

a) Im Falle einer Keimbildung mit anschließendem Wachstum wird das Beugungsbild durch die „scharfen Reflexe" der wachsenden Kristalle beherrscht.
b) Im Falle kleiner Kristalle zeigt das Beugungsbild den sogenannten Teilchengröße-Effekt; dieser Effekt kann für die Reflexe einer Zone [u v w] anisotrope Erscheinungen zeigen, jedoch nicht für alle. Aus dem Beugungsbild der Figur 2b kann man dieses Verhalten jedoch deutlich für die Reflexe (110) (101) (111) und (211) bobachten, die nicht alle einer gemeinsamen Zone angehören. Damit ist gesichert, daß die Reflex-Unsymmetrie nicht auf einen asymmetrischen Teilchengröße-Effekt zurückzuführen ist.
c) Die Reflex-Asymmetrien entsprechen ausnahmslos denjenigen, die bei Niederdruck-Trockenversuchen beobachtet wurden. Es ist daher zu vermuten, daß eine ähnliche Erklärung möglich ist.

Die Deutung der beobachteten Effekte kann mit Hilfe von Gleichung (7) eindeutig vorgenommen werden.

Die Aufspaltung von (110) bedeutet offenbar, daß die Summation auf verschiedene Glieder

$$R_1 = \frac{\sin^2 \pi N_1 (h + \Delta)}{\sin^2 \pi (h + \Delta)} \cdot \frac{\sin^2 \pi N_2 (k + \Delta)}{\sin^2 \pi (k + \Delta)}$$

$$R_2 = \frac{\sin^2 \pi N_1 (h - \Delta)}{\sin^2 \pi (h - \Delta)} \cdot \frac{\sin^2 \pi N_2 (k - \Delta)}{\sin^2 \pi (k - \Delta)}$$

führt. Damit ergeben die Sn-reichen und Ti-reichen Schichten mit Annahme der Reflexe ($h = k = 0$) ein „inkohärentes" System von Reflexen. Die Asymmetrie der Reflexe (110) läßt jedoch schließen, daß senkrecht zu [u v 0] ein ähnliches Lamellensystem bestehen muß, wie es senkrecht [001] angenommen wurde. Aus dem Linienbreitenvergleich ergibt sich aber, daß die Lamellendicke größer ist als die zum Lamellensystem [001] gehörende. Die Asymmetrien der Reflexe (101) und (211) beider Lamellensysteme zeigen aber eine Kohärenz an. Man kann das nur so interpretieren, daß es im Prinzip 2 Lamellenstapelungen gibt.

Das eine Lamellensystem ist Sn-reich und besitzt gelegentlich TiO_2-Einschaltungen. Das zweite System ist Ti-reich und hat entsprechend gelegentlich SnO_2-Einschaltungen (vgl. Fig. 4).

Wenn man auf die Deutung der Asymmetrie von (110) verzichtet, wird das Problem durch 2 inkohärente Statistiken gelöst (Annahme großer Ausdehnung in *a*- und *b*-Richtung).

Im Ti-reichen Gebiet gilt eine Statistik, die mit α und t (wie oben behandelt) beschrieben werden kann. Man erhält die gleichen Asymmetrien, wie sie für die Temperungen bei Trockendrucken bereits beschrieben wurden. Für das Sn-reiche Gebiet gibt es eine ähnliche Statistik, bei dem die Streuvermögen im Prinzip vertauscht sind. A_1 in Gleichung (7) wechselt also das Vorzeichen und damit auch B. Die Asymmetrie gemäß Gleichung (7) wird also in Übereinstimmung mit der experimentellen Beobachtung umgekehrt. Aus dem Verhältnis der beiden Linienbreiten von (110) (Ti-reich und Sn-reich), sowie von (110) bzw. (211) kann man die ungefähren Volumina der beiden Lamellensysteme abschätzen.

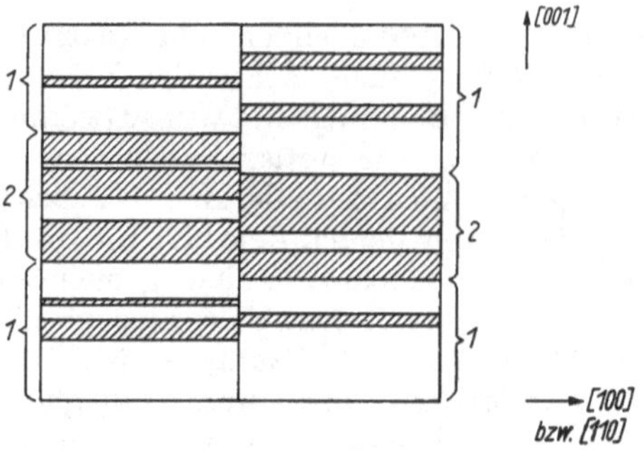

Fig. 4. Modellvorstellung für die Deutung der Röntgenbeugung der Pulveraufnahmen von Hochdrucktemperungen in Abwesenheit von H_2O.

1 Ti-reiche Gebiete mit dünnen Sn-Lamellen
2 Sn-reiche Gebiete mit dünnen Ti-Lamellen

Der Versuch einer quantitativen Interpretation der Beugungsbilder scheiterte jedoch daran, daß in dem hier zutreffenden Wertebereich die Halbwertsbreiten der Reflexe (101) bzw. (201) immer zu kleine $|\lambda_1|$ berechnet werden, so daß eine Bestimmung von α nach dem oben geschilderten Verfahren fehlschlug. Das Modell muß also korrigiert werden.

Eine der fraglichsten Bedingungen des hier benutzten Modells ist natürlich die in c-Richtung angenommene unendliche Ausdehnung der Sn-reichen bzw. Ti-reichen Lamellensysteme, die vor allem dann nicht zu erwarten ist, wenn das bei Normaldruck auftretende Zwischenstadium der Ausscheidung auch bei den Naßtemperungen noch eine Rolle spielt. Da wir höchstens eine schwache Diffusionsbehinderung annehmen dürfen, wachsen hier nur die Lamellen rascher und es tritt bei den dicksten Lamellen der „Bruch" ein, der natürlich kein Bruch im normalen Sinne, sondern ein Verschiebungsvorgang über Versetzungen in der Ebene (001) in dem Sinne ist, daß die Kohärenz der Ti-reichen und Sn-reichen Lamellen höchstens partiell erhalten bleibt.

Die so erzeugte Grenzfläche löst erhebliche Spannungen in den angrenzenden Lamellen aus, die eine gerichtete Diffusion stark fördert: Die kleineren Ti-Ionen wandern in die Gebiete mit Druckspannungen, die größeren Sn-Ionen in die Gebiete mit Zugspannungen. Insgesamt bleibt aber ein Minimum an Spannungen, wenn die Gebiete der Sn-reichen und Ti-reichen Lamellen alternieren (vgl. Fig. 4). Ist dieses Alternieren unperiodisch, so überlagert sich dem hier diskutierten Beugungsphänomen nur ein Teilchengrößen-Effekt. Die notwendige Korrektur der Gleichung (7) ist also eine Faltung mit einer Teilchengrößenfunktion, die bei Vernachlässigung der Schwankungen der „Kohärenzlänge" des Bereiches durch eine Funktion

$$\frac{\sin^2 \pi N_3' l}{\sin^2 \pi l}$$

gegeben ist. Diese läßt sich im Bereich bis zur halben Intensität in guter Näherung durch eine Gauß-Funktion

$$e^{-1/3 (\pi N_3' l)^2} \qquad 0 \leqq N \cdot l \leqq 0{,}5 \tag{12}$$

darstellen. Die Faltung dieser Gaußfunktion mit den Intensitätsgliedern in Gleichung (7) ergibt die entsprechenden symmetrischen und antisymmetrischen Anteile der Intensität. Letztere fallen aber, wie oben bereits diskutiert wurde, immer kleiner aus als man aus dem theoretischen Modell berechnet. Die gleichen mittleren Teilchengrößen des Sn-reichen bzw. des Ti-reichen Lamellensystems kann leider nicht zwingend gefolgert werden; daher ist die Bestimmung von α nicht mehr möglich. Da nun aber auch die Konstante B' des antisymmetrischen Anteils der Intensität von dieser Teilchengröße abhängt, ergibt die Messung des Linienprofils und von B' keine eindeutige Lösung der unabhängigen Größen (Teilchengrößen der beiden Lamellensysteme, mittlere Dicke der Einzellamellen in beiden Systemen), wenn man nicht mehrere unabhängige Reflexgruppen (l = 2, 3, 4) heranzieht. Das ist auf Pulveraufnahmen leider nicht möglich, weil die Intensität dieser Reflexe wegen der aus Gleichung (5) folgenden Linienunschärfe zu schwach ist, um Linienprofilmessungen durchführen zu können. Informationen mit der notwendigen Genauigkeit können daher nur aus Einkristalldaten erhalten werden. Wir müssen uns also an dieser Stelle mit der qualitativen Deutung der Beugungsdiagramme zufrieden geben.

6. Diskussion der Ergebnisse

Die Untersuchung der Entmischung im System SnO_2–TiO_2 wird in dieser Arbeit auf Messungen bei 80 Mol% TiO_2 ausgedehnt. (Messungen bei 80 Mol% SnO_2 zeigen ähnliche Ergebnisse, allerdings sind hier längere Temperungszeiten notwendig, um analoge Effekte zu erreichen.) Die Röntgenbeugungsbilder werden in dieser Arbeit mit Pulveraufnahmen sehr hoher Auflösung quantitativ gedeutet. Auch bei 80% TiO_2 tritt die von STUBICAN und SCHULTZ beschriebene Entmischung unterhalb der Spinodalen auf. Die SnO_2-reichen und TiO_2-reichen Lamellen haben zunächst noch die gleichen a-Gitterkonstante. Die Lamellendicke kann bis zu 20 Å herunter verfolgt werden; es zeigt sich, daß die von STUBICAN und SCHULTZ an gegebene Analogie zum System Au–Cu nicht zutrifft (Dichtemodulation des Wirtgitters). Die als Satelliten gedeuteten Begleitreflexe der Hauptreflexe erweisen sich als Reflexe (*hkl*) der neuen Zwischenphase, ein kohärentes System von Sn-reichen und Ti-reichen Lamellen mit gleichen a-Gitterkonstanten, aber verschiedenen c-Gitterkonstanten. Der SnO_2-Gehalt in den SnO_2-reichen Lamellen weicht in diesem Zwischenstadium beträchtlich von der Zusammensetzung im stabilen Gleichgewicht ab. Aus der Gleichheit der Beugungsphänomene kann geschlossen werden, daß bei Mischkristallen mit 50% TiO_2 ähnliche Verhältnisse vorliegen. Temperungen bei hohen Drucken zeigen die erwartete Verzögerung der Ausscheidung. Aus der Asymmetrie der Interferenzen des Mischkristalls kann auf eingeschaltete TiO_2- und SnO_2-reiche Lamellen geschlossen werden, deren mittlere Dicke unter 20 Å liegen muß.

Bei hohen Wasserdampfdrücken geht die Ausscheidung wesentlich rascher vor sich als bei Trockendrücken. Es entstehen zwei teilkohärente Lamellensysteme; sowohl das Ti-reiche als auch das Sn-reiche System haben noch Einschaltungen von Lamellen, die der Zwischenphase entsprechen (abweichende SnO_2- bzw. TiO_2-Konzentrationen im Vergleich zur Gleichgewichtskonzentration). Diese Beobachtungen lassen darauf schließen, daß die Anwesenheit von H_2O die Diffusion beträchtlich erleichtert, denn der Entmischungsvorgang erfolgt sicher nicht über eine mögliche überkritische fluide Phase. In diesem Stadium wird der Ausscheidungsvorgang durch die Keimbildungsschwierigkeit beherrscht. Diese Untersuchungen beweisen, daß auch bei hohen Drucken Reaktionen im festen Zustand unter Umständen leicht möglich sind; die Annahme, daß Reaktionen nur über eine fluide Phase stattfinden, muß also nicht in jedem Falle zutreffen.

Zum Schluß sei noch auf folgende wichtige Tatsache hingewiesen. Hätten wir hier die Auswertung der Linienbreiten der Reflexe im Sinne eines Teilchengrößen-Effekts vorgenommen, so wären völlig falsche Ergebnisse erzielt worden, weil die Kohärenz einer Lamelle natürlich auch mit der Differenz der Gitterlängen quantitativ zusammenhängt. Die röntgenographisch aus Linienbreiten gemessenen Teilchengrößen haben in vielen Fällen also nichts mit analogen elektronenmikroskopischen Ergebnissen zu tun. Erst die Angabe eines vollständigen Modells läßt die sichere Deutung der Meßergebnisse zu. Das in dieser Arbeit entworfene Bild der „Zwischenphase" ist natürlich auch mit einer Dichtemodulation verknüpft; diese Modulation ist aber nicht verantwortlich für die zusätzlich beobachteten Reflexe, die erst mit den verschiedenen c-Gitterkonstanten der Lamellen richtig beschrieben werden. Mögliche Maxima einer periodischen Lamellierung, wie sie Stubican und Schultz auf Grund ihrer elektronenmikroskopischen Beobachtungen fordern, wurden von uns nicht beobachtet; d. h. die Lamellierung ist doch nicht genügend periodisch, um Satellitenreflexe mit dem erforderlichen kleinen Abstand von den Hauptreflexen zu erzeugen. Die Auflösung unserer Pulveraufnahme hätte ausreichen müssen, um solche periodischen Lamellierungen bis zu 10000 Å Periodenlängen erkennen zu können. Das läßt den sicheren Schluß zu, daß zumindest von Korn zu Korn, möglicherweise aber auch innerhalb eines Korns des Kristallpulvers zu große Schwankungen der Periodenlänge des bzw. der Lamellensysteme auftreten, um Satellitenreflexe zu erzeugen.

Wir danken Herrn Dr. K. L. Weiner für seine Beratung beim Aufbau der HD-Anlage und Frau Ch. Heck für ihre Hilfe bei der Auswertung. Dank schulden wir ferner der Bayerischen Akademie der Wissenschaften für die Gewährung von Rechenzeit an der TR 440 des Leibniz-Rechenzentrums und der Deutschen Forschungsgemeinschaft, die Sachmittel für diese Arbeit zur Verfügung stellte.

Literatur

Baur, W. H.: Acta crystallogr. **9**, 515 (1956)
Coughanour, L. W.: J. o. Research NBS **54**, 149 (1955)

DIETZEL, A. und POCH, W.: Radex Rundschau **52**, 52 (1960)
DORNER, C.: Chemie Ingenieur Technik, **43**, 303 (1971)
HOFFMANN, E. G., JAGODZINSKI, H.: Z. Metallkunde **46**, 601 (1955)
JAGODZINSKI, H.: Acta crystallogr. **2**, 201 (1949a)
JAGODZINSKI, H.: Acta crystallogr. **2**, 208 (1949b)
JAGODZINSKI, H.: Acta crystallogr. **2**, 298 (1949c)
JAGODZINSKI, H.: Acta crystallogr. **7**, 17 (1954)
JAGODZINSKI, H., HELLNER, E.: Z. Kristallogr. **107**, 124 (1956)
PADUROW, N. N.: Naturwissenschaften **43**, 395 (1956)
PADUROW, N. N., SCHUSTERIUS, C.: Ber. dtsch. keram. Ges. **31**, 391 (1954)
SCHULTZ, A. H., STUBICAN, V. S.: Phil. Mag. **18**, 929 (1968)
SCHUSTERIUS, C.: Z. techn. Physik **16**, 64 (1935)
STUBICAN, V. S., SCHULTZ, A. H.: J. Amer. cer. Soc. **51**, 290 (1968)
VEGARD, L.: Phil. Mag. **32**, 65 (1916)

(Eingegangen am 10. Juli 1971)

Anschrift der Verfasser:

Dipl. Min. C. DORNER
Prof. Dr. H. JAGODZINSKI
Universitätsinstitut für Kristallographie und Mineralogie
BRD — 8 München 2
Theresienstr. 41

Kristall und Technik	7	4	1972	445–456

M. I. SOCHOR, A. A. KALININA, L. I. FELDGUN,
V. A. FRANK-KAMENEZKIJ

Department of Crystallography, Leningrad State University, Leningrad, USSR

Über den polymorphen Übergang $\alpha \rightarrow \beta$-SiC bei hohen Drücken[1])

Will Kleber zum Gedenken

Es werden Ergebnisse der röntgenographischen Untersuchung von Siliziumkarbid, das einer Einwirkung von $p \sim 15-70$ kbar und $T \sim 1200-1700$ °C unterworfen wurde, mitgeteilt.

Die früher beobachtete Erscheinung des polymorphen Übergangs $\alpha \rightarrow \beta$-SiC unter hohen Drücken und Temperaturen wird bestätigt. Es wird gezeigt, daß der $\alpha \rightarrow \beta$-Übergang bei den untersuchten p, T-Bedingungen unabhängig von der chemischen Reinheit und der Einphasigkeit der Proben, die das Siliziumkarbid als Hauptphase enthalten, erfolgt.

An großen Kristallsplittern von α-SiC wurden die strukturellen Veränderungen untersucht, die durch die Einwirkung hoher Drücke und Temperaturen hervorgerufen werden.

Auf der Grundlage der aus der Analye der Pulver- und Einkristallaufnahmen gewonnenen Daten werden Schlußfolgerungen über einen möglichen Mechanismus der strukturellen Änderungen und der polymorphen Umwandlung des Siliziumkarbids unter der Einwirkung hoher Drücke (p) und Temperaturen (T) gezogen.

Сообщаются результаты рентгенографического исследования карбида кремния, подвергнутого действию $p \sim 15$—70 кбар, $T \sim 1200$—1700 °C.

Подтверждается обнаруженное ранее явление полиморфного перехода $\alpha \rightarrow \beta$ — SiC в условиях высоких p, T. Показано, что переход $\alpha \rightarrow \beta$ в исследованных p, T условиях происходит независимо от химической чистоты и однофазности образцов, содержащих карбид кремния как основную фазу.

На крупных осколках кристаллов α—SiC исследованы структурные изменения, вызванные действием высоких p, T.

На основании данных, полученных из анализа рентгенограмм порошков и отдельных кристаллов, высказывается заключение о возможном механизме структурных изменений и полиморфного превращения карбида кремния под действием высоких давлений (p) и температур (T).

1. Einleitung

In den letzten Jahren wurden in Verbindung mit der Entwicklung der Hochdrucktechnik Untersuchungen über Strukturänderungen in verschiedenen Stoffen unter Hochdruckbedingungen aktiviert. Solchen Untersuchungen kommt sowohl wissenschaftliches als auch praktisches Interesse zu. Insbesondere wird in der Literatur die Perspektive der Untersuchung der Einwirkung hoher Drücke auf Siliziumkarbid hervorgehoben (PECKNER). Nach einer Mitteilung von HALL ermöglichte die Behandlung von Siliziumkarbid bei hohem Druck p und hoher Temperatur T (Beträge von p und T nicht angegeben), Material zu

[1]) Aus dem Russischen von Dr. L. DÄWERITZ.

erhalten, das eine Druckspannung bis 50000 kg/cm² verträgt, während gewöhnliches polykristallines Siliziumkarbid, das durch Warmpressen erhalten wird, nur Druckspannungen von ~1800 kg/cm² zuläßt. Die Ursache dieser starken Änderung der Materialeigenschaften nach Einwirkung hoher Drücke und Temperaturen wird in dem Artikel von HALL nicht betrachtet.

Von zwei Autoren der vorliegenden Arbeit wurde im Jahre 1967 über die Entdeckung des polymorphen Übergangs des Siliziumkarbids aus der hexagonalen Modifikation (α) in die kubische (β) unter Einwirkung eines Druckes von ~30—70 kbar und einer Temperatur von ~1200—1400 °C berichtet (SOCHOR, KONDAKOW, FELDGUN). Es wurde gezeigt, daß die Vollständigkeit des Übergangs $\alpha \to \beta$–SiC bei optimalen Experimenten ~85% erreichte, wobei der Übergang $\alpha \to \beta$ in Siliziumkarbid verschiedener polytyper Zusammensetzung, verschiedener Körnigkeit und verschiedenen Reinheitsgrades beobachtet wurde. Später führten NAKAMURA, SHIMIZU und OSUGI eine Arbeit analoger Zielstellung an Pulver von reinem α-SiC bei $p = 10—50$ kbar und $T = 400—1200$ °C durch und erhielten ebenfalls die polymorphe Umwandlung $\alpha \to \beta$-SiC. Von zwei Autoren der vorliegenden Arbeit wurde die polymorphe Umwandlung $\alpha \to \beta$-SiC bei Einwirkung hoher Drücke und Temperaturen auch in mehrphasigen Si–B–C-Legierungen, in denen das Siliziumkarbid die Hauptphase darstellt, beobachtet (KALININA, SOCHOR, SCHAMRAI, KOWALOWA). Das sich in den Legierungen neu bildende β-SiC hatte eine feinkristalline verspannte Struktur wie bei den Versuchen mit reinem Siliziumkarbid. In all diesen Arbeiten wurde die polymorphe Umwandlung $\alpha \to \beta$-SiC unter Einwirkung hoher Drücke und Temperaturen festgestellt, d. h. es wurde gezeigt, daß in dem untersuchten p, T-Bereich die β-Modifikation des SiC stabiler ist als die α-Modifikation.

Es ist jedoch bekannt, daß die Arbeit von WHITNEY und SHAFFER nicht diese Resultate bestätigt. Bei den Versuchsbedingungen $p = 20—60$ kbar und $T = 1200—2200$ °C wurde nicht die $\alpha \to \beta$-SiC-Umwandlung beobachtet, aber bei einer Zugabe von Eisen zum β-SiC (5% Fe) wurde die Umwandlung $\beta \to \alpha$-SiC festgestellt. Auf Grund dieser Ergebnisse ziehen WHITNEY und SHAFFER die Schlußfolgerung, daß im Gebiet hoher Drücke und Temperaturen wie auch bei Atmosphärendruck das α-SiC die bevorzugte Modifikation ist.

Wie bekannt ist, ist unter Bedingungen $p \leqq 1$ at die polymorphe Umwandlung des Siliziumkarbids monotrop: sie erfolgt in der Richtung $\beta \to \alpha$ (VERMA, KRISHNA). Deshalb müssen Daten über die Enantiotropie polymorpher Umwandlungen des Siliziumkarbids bei Ausdehnung des Druckgebietes nach hohen Beträgen von p nach unserer Meinung von gesondertem wissenschaftlichen Interesse sein und eine große Bedeutung für das bessere Verständnis der Ursachen und Bedingungen der Kristallisation von Siliziumkarbid in verschiedenen Modifikationen haben. Ausgehend von der prinzipiellen Bedeutung dieser Frage einerseits und der Widersprüchlichkeit der von verschiedenen Autoren erhaltenen Resultate andererseits beschlossen wir, weitere Experimente durchzuführen. Die dabei gestellte Hauptaufgabe war die Verfolgung der Änderung des Aufbaus und der Struktur, die sich bei der Einwirkung hoher Drücke und Temperaturen zeigen.

2. Material und Methodik der Untersuchungen

Als Ausgangsmaterial diente α-SiC-Pulver (6H + Spuren von 15 R) technischer Reinheit der Sorten KS-M 14 und KS-M 5 ($\geqq$ 99% SiC) und α-SiC-Pulver (85% 6H + 15% 15 R) höherer Reinheit ($\geqq$ 99,9% SiC), das durch Zerkleinerung reiner großer α-SiC-Kristalle mit nachfolgender Säurebehandlung des Pulvers bis zur vollständigen Entfernung des Abrieb-Eisens (durch Emissionsspektralanalyse überprüft[1])) erhalten wurde. Die Korngrößenverteilung dieses Pulvers war recht breit.

Parallele Untersuchungen wurden an β-SiC-Pulver durchgeführt, das praktisch die strukturell reine kubische Modifikation des Siliziumkarbids mit lediglich Spuren von α-SiC darstellte. Das β-SiC-Pulver wurde durch Zerkleinerung von β-SiC-Kristallen erhalten, die aus der Gasphase gezüchtet wurden. Das β-SiC hatte folgende chemische Zusammensetzung: ~ 99,5% SiC, 0,37% Al_2O_3, 0,10% Fe_2O_3, 0,02% MgO, <0,02% CaO, Spuren von TiO_2. An α- und β-SiC-Pulver wurden Versuche ohne Beimengungen und mit solchen Beimengungen, deren Einfluß auf die Struktur des Siliziumkarbids in der Arbeit von WHITNEY und SHAFFER studiert wurde, durchgeführt. Insbesondere wurden Mischungen von α- und β-SiC mit 5 Gewichtsprozenten Armco-Eisen und der Zusammensetzung SiC + Si im Verhältnis 2:1 und 1:2 und SiC + BN im Verhältnis 1:1 untersucht.

Eine andere Versuchsreihe wurde an großen (~ 3 mm) Bruchstücken von α-SiC-Einkristallen vorgenommen.

Die Hochdruckexperimente wurden in einer Apparatur und nach einer Methode durchgeführt, die schon früher in einer Arbeit von SOCHOR, KONDAKOW und FELDGUN beschrieben wurden. Der Druckbereich wurde nach der niedrigeren Seite — $p = 15-70$ kbar — und der Temperaturbereich nach der höheren Seite — $T = 1200-1700$ °C.— ausgedehnt.

Die Versuchsprodukte wurden röntgenographisch untersucht in einer Debye-Kamera (⌀ ~ 68 mm) unter Anwendung von Co-K_α- und Ni-K_α-Strahlung und mit Einkristallmethoden-Drehkristall und Laue-Aufnahmen unter Verwendung von Einkristallmethoden — Drehkristall und Laue-Aufnahmen — unter Verwendung von Co-K_α- und Cu-K_α-Strahlung.

3. Untersuchungsergebnisse

3.1. Polymorphe Umwandlung α → β-SiC

In Figur 1 sind die Röntgenaufnahmen von β-SiC-Pulver im Ausgangszustand und nach der Hochtemperaturkompression dargestellt. Es ist ersichtlich, daß die Einwirkung hoher Drücke und Temperaturen nur eine Verkleinerung und Störung der Struktur der β-SiC-Kristalle hervorgerufen hat, was sich in einer starken Verschmierung und Intensitätsschwächung der Linien im hinteren Bereich des Pulverdiagramms im Vergleich zum Ausgangszustand des Pulvers äußert. Die β-SiC-Modifikation blieb erhalten. Die Untergrundschwärzung auf den Röntgenaufnahmen gepreßter Proben ist besonders groß im Gebiet großer

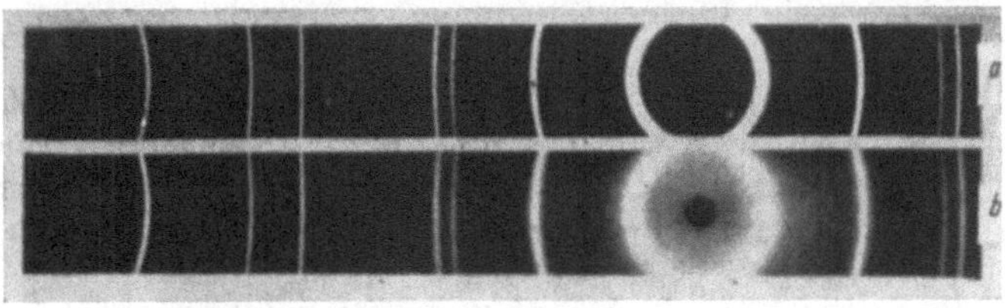

Fig. 1. Pulverdiagramm von β-SiC:
a) im Ausgangszustand
b) nach einer Einwirkugn von p ~ 60 kbar, T ~ 1600 °C.
NiK_α-Strahlung

[1]) Die chemische Zusammensetzung der Ausgangsmaterialien wurde unter Leitung von R. L. Pewsner emissionsspektralanalytisch bestimmt.

Reflexionswinkel ϑ, was offensichtlich durch eine teilweise Amorphisierung des Materials hervorgerufen wird. Weiterhin ist festzustellen, daß die im Ausgangspulver von β-SiC vorhandenen α-SiC-Spuren nach den Versuchen auf den Röntgenaufnahmen nicht mehr beobachtet werden.

Nach einer Kompression des α-SiC-Pulvers ohne Erhitzung beobachtet man auf den Pulverdiagrammen nur eine unbedeutende Verschmierung der hinteren Linien (Fig. 2b) im Vergleich zum Ausgangszustand (Fig. 2a). Die Verschmierung der Linien steigt als Funktion von ϑ an, was von dem Vorhandensein geringer innerer Restspannungen und einer Zerkleinerung der Kristalle unter der Einwirkung hohen Druckes zeugt. Eine polymorphe Umwandlung $\alpha \rightarrow \beta$-SiC wird bei einem Pressen ohne Erhitzung nicht beobachtet.

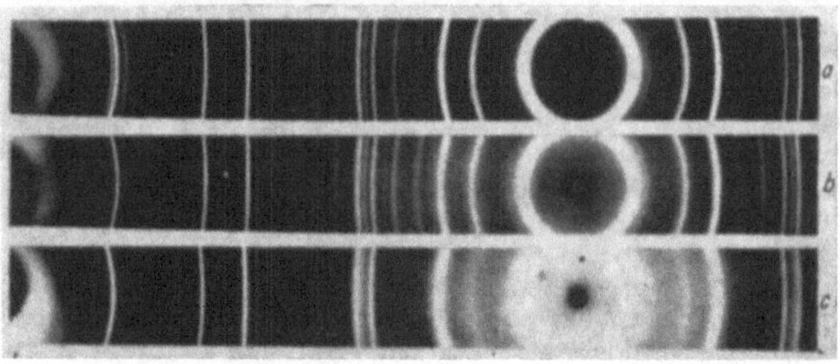

Fig. 2. Pulverdiagramm von α-SiC:

a) im Ausgangszustand
b) nach einer Einwirkung von $p \sim 60$ kbar, $T \sim 20$ °C
c) nach einer Einwirkung von $p \sim 60$ kbar, $T \sim 1600$ °C
NiK_α-Strahlung

Bei einer Hochtemperaturkompression von α-SiC-Pulver erfolgt im gesamten untersuchten p-T-Bereich die polymorphe Umwandlung $\alpha \rightarrow \beta$-SiC (Fig. 2c). Auf den Röntgenaufnahmen beobachtet man Effekte, die völlig identisch mit den früher in der Arbeit von SOCHOR, KONDAKOW und FELDGUN beschriebenen sind. Die Linien des α-SiC werden in ihrer Intensität stark geschwächt und verschmiert, während die Linien, die dem β-SiC entsprechen, bei kleinen ϑ-Werten scharf und intensitätsstark bleiben (Fig. 3). Die Linien des β-SiC mit großen ϑ-Werten sind durch eine beträchtliche Verschmierung charakterisiert, was auf den Nichtgleichgewichtszustand der gebildeten β-Modifikation hinweist, auf das Vorhandensein innerer Spannungen und das Anfangsstadium der β-SiC-Kristalle.

Anhand der Ergebnisse, die an Mischungen von Siliziumkarbidpulver mit Eisen erhalten wurden, wurde festgestellt, daß das Armco-Eisen keinen qualitativen Einfluß auf die strukturelle Umwandlung des Siliziumkarbids ausübte. Bei der Hochtemperaturkompression von α-SiC mit Eisenzusatz wurde der polymorphe Übergang $\alpha \rightarrow \beta$-SiC beobachtet, während in β-SiC mit Eisenzusatz bei den gleichen Bedingungen das β-SiC erhalten blieb, wobei lediglich eine Verschmierung der Linien bei großen ϑ-Werten infolge von Spannungen und der feinen Verteilung ähnlich dem Effekt an reinem β-SiC-Pulver ohne Beimengungen zu beobachten ist. Das Eisen blieb in allen Fällen in Form einer eigenen Phase erhalten. Außerdem wird eine wesentliche Verringerung seiner Gitterkonstante festgestellt: $a_{Fe} = 2{,}805$ Å (Fig. 4). Die Versuche an Pulvermischungen von α-SiC + Si zeigten, daß sich unter Bedingungen hoher Drücke und Temperaturen in den Proben β-SiC bildet, was bedingt sein kann sowohl durch die Einwirkung hoher Drücke und Temperaturen mit einer erzeugten polymorphen $\alpha \rightarrow \beta$-SiC-Umwandlung als auch durch die Lösung des Siliziumkarbids im Silizium mit einer nachfolgenden Kristallisation aus der Schmelze in Form von β-SiC. Das Silizium bleibt in den Versuchsprodukten als freie Phase erhalten.

Whitney und Shaffer beobachteten in Mischungen von SiC und BN, die hohen Drücken und Temperaturen unterworfen wurden, die Bildung von β-SiC

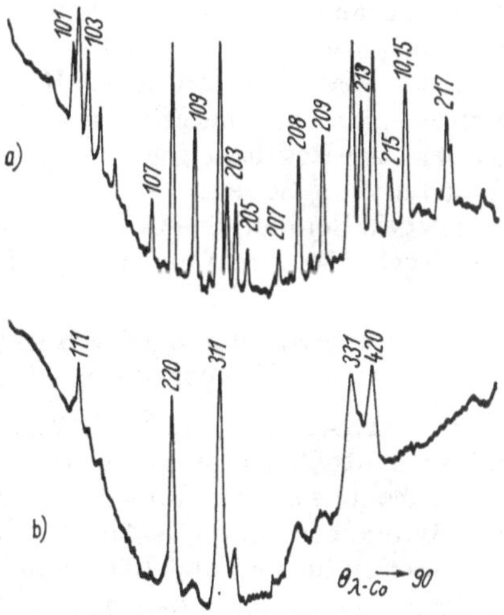

Fig. 3. Mikroaufnahmen der Pulverdiagramme von Siliziumkarbid:
a) im Ausgangszustand – α-SiC; eingetragene Indizes 6H-SiC
b) nach einer Einwirkung von $p \sim 60$ kbar, $T \sim 1600$ °C; eingetragene Indizes β-SiC, CoK_α-Strahlung

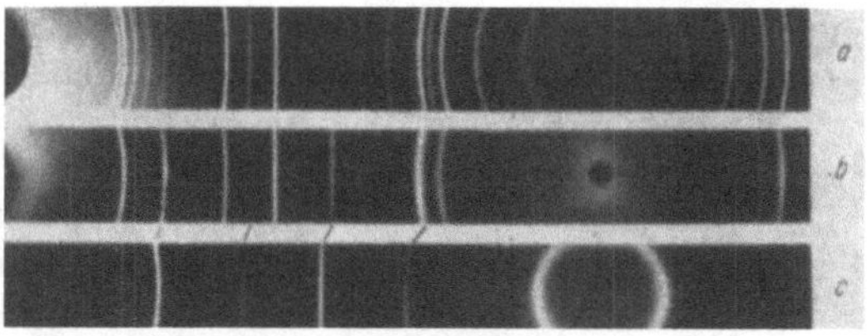

Fig. 4. Untersuchung des Einflusses von Eisen auf Strukturänderungen des Siliziumkarbids unter einer p, T-Einwirkung
a) Pulverdiagramm von α-SiC im Ausgangszustand
b) Pulverdiagramm von einer Mischung β-SiC + 5% Fe nach einer Einwirkung von $p \sim 60$ kbar, $T \sim 1400$ °C
c) Pulverdiagramm von Armco-Eisen CoK_α-Strahlung

mit veränderten Netzebenenabständen, was sie durch die Lösung von BN in SiC erklärten. Von uns wurde an Pulvermischungen von Siliziumkarbid und Bornitrid ebenfalls dieUmwandlung $\alpha \rightarrow \beta$-SiC bei einer Bildung bis zu teilweise 95% β-SiC mit der gewöhnlichen Gitterkonstante beobachtet. Parallele Untersuchungen an β-SiC unter den gleichen Bedingungen zeigten, daß in ihm keine Umwandlung erfolgte und daß sich die Gitterkonstante nicht änderte. Offenbar wird die Bildung fester Lösungen SiC-BN durch hohen Druck erschwert.

WHITNEY und SHAFFER vertreten die Meinung, daß Beimengungen, die zusätzliche Phasen bilden und die Rolle von Katalysatoren spielen, den Übergang $\alpha \rightarrow \beta$-SiC begünstigen. Jedoch gelang es WHITNEY und SHAFFER nicht, durch spezielle Experimente mit der Zugabe von Beimengungen die eigenen Vorstellungen zu bestätigen, da in ihren Versuchen nicht der $\alpha \rightarrow \beta$-SiC-Übergang beobachtet wurde (mit Ausnahme der Versuche mit der von ihnen angegebenen Bildung einer festen Lösung SiC-BN). In Mischungen von β-SiC + Fe beobachteten sie im Gegenteil den $\beta \rightarrow \alpha$-SiC-Übergang, wie dieser bei $p \leqq 1$ at erfolgt.

Die von uns erhaltenen Ergebnisse weisen darauf hin, daß die polymorphe Umwandlung $\alpha \rightarrow \beta$-SiC in dem untersuchten p-T-Bereich immer erfolgt, unabhängig von der chemischen Reinheit des Ausgangssiliziumkarbids, einschließlich des Materials mit einer Reinheit $\geqq 99{,}9\%$ SiC als auch mehrphasiger Systeme, in denen das Siliziumkarbid einen der Bestandteile darstellt. Die oben dargelegten Resultate finden sich in Übereinstimmung mit den Ergebnissen der Arbeiten von SOCHOR, KONDAKOW, FELDGUN; NAKAMURA, SHIMIZU, OSUGI; KALININA, SOCHOR, SCHAMRAI, KOWALOWA. Unsere Resultate bestätigten nicht die Ergebnisse von WHITNEY und SHAFFER.

3.2. Strukturelle Änderungen im Siliziumkarbid unter hohen Drücken und Temperaturen

Wie oben bemerkt wurde, äußert sich die $\alpha \rightarrow \beta$-SiC-Umwandlung auf den Röntgenaufnahmen in einer beträchtlichen Schwächung und Verschmierung der charakteristischen Linien des α-SiC. Im größten Maße wird dieser Effekt in dem Winkelbereich $\vartheta_{Co} \sim 30-50°$ beobachtet, so daß praktisch die Reflexe 107 (Basisreflex für 6H) und 109_{6H} (charakteristisch für alle α-SiC-Reflexe des Typs $10\,\frac{3n_c}{2}$) verschwinden (vgl. Fig. 3). Die anderen Basisreflexe des α-SiC sind als abgeschwächte diffuse Linien vorhanden. Der diffuse Charakter wächst mit den Indizes der reflektierenden Netzebenen und steigendem ϑ an, so daß bei $\vartheta > 70°$ alle Linien im Untergrund verschwinden. In der Theorie der Beugung von Röntgenstrahlen an Strukturen, die nach dem Prinzip der Kugelpackungen aufgebaut sind, wurde gezeigt, daß zufällige, unregelmäßige Störungen der periodischen Packung der Schichten zu einer auswählenden Verschmierung der Linien auf den Röntgenaufnahmen in der Weise führt, daß die Hauptlinien scharf bleiben und die Überstrukturlinien verschmiert werden (EDWARDS, LIPSON; WILSON). In bezug auf das β-SiC kann man das α-SiC als Überstruktur ansehen. In diesem Fall kann man den Effekt der auswählenden, sehr starken Verschmierung der Linien des α-SiC interpretieren als das Auftreten von Nichtperiodizitäten in der Packung der Schichten, was zu Fehlern vom Typ der Stapeldefekte führt. Eine sehr starke Verschmierung der Basislinien des α-SiC kann darauf hinweisen, daß die beobachteten nichtperiodischen Störungen der Struktur den Charakter zweidimensionaler Lamellen mit hexagonaler Symmetrie haben. Zweidimensionale Zonen von α-SiC entstehen offensichtlich im Prozeß der $\alpha \rightarrow \beta$-SiC-Umwandlung und können als Charakteristikum der Unvollständigkeit und des Nichtgleichgewichts dieses Prozesses dienen. Man muß erwähnen, daß auf den Pulveraufnahmen aller Proben, die den Übergang $\alpha \rightarrow \beta$-SiC zeigten, schwache Linien beobachtet wurden, die den Reflexen 101 und 103 des α-SiC entsprechen. Nach dem Intensitätsverhältnis $\frac{I_{103}\,\alpha\text{-SiC}}{I_{200}\,\beta\text{-SiC}}$

zu urteilen, kann der Anteil der ungeordneten Struktur des α-SiC in den Versuchsprodukten der Umwandlung $\alpha \rightarrow \beta$-SiC sehr beträchtlich sein, während die Intensität der Linien 107 und 109 des 6H-SiC auf den gleichen Pulveraufnahmen verschwindend klein ist. Festzustellen ist weiterhin, daß parallele Untersuchungen an β-SiC auf den Pulveraufnahmen keinerlei Zeichen des Vorhandenseins von α-SiC in den Produkten zeigten; insbesondere wurden die Reflexe 101 und 103 nicht beobachtet. Die bemerkte Erscheinung ist nach unserer Meinung von Interesse und erfordert weiteres, detailliertes Studium.

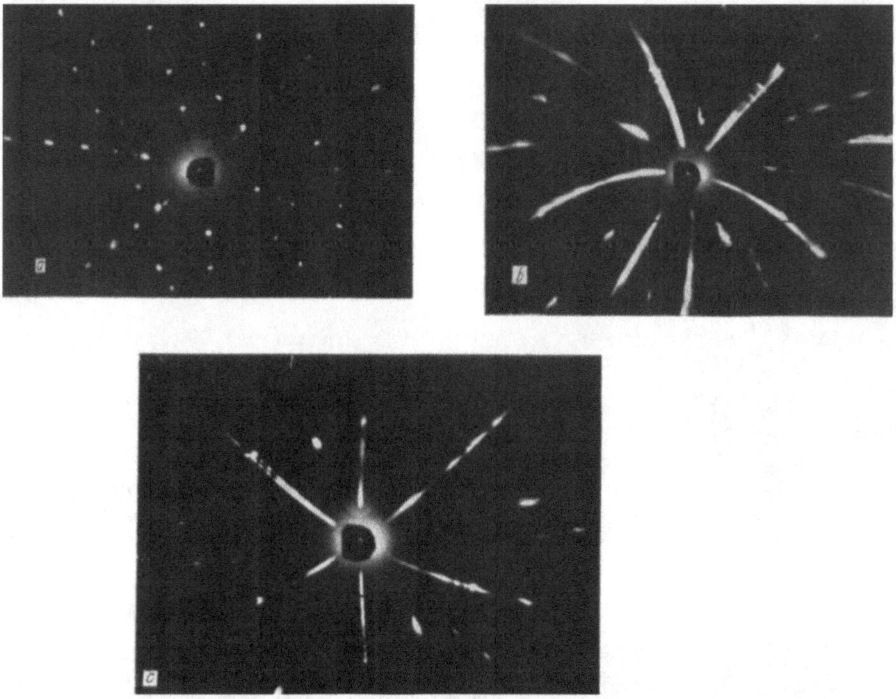

Fig. 5. Lauediagramm von Kristallsplittern des α-SiC:

a) im Ausgangszustand
b), c) nach einer Einwirkung von $p \sim 25$ kbar, $T \sim 1400$ °C.
CuK_α-Strahlung, c-Achse $\sim$ || Primärstrahl.

Interessant ist, daß ähnliche Resultate beim Studium des Einflusses einer Stoßzerkleinerung auf die Struktur des Zinksulfids (Smith, Hill) — des Strukturanalogons zu Siliziumkarbid — erhalten wurden. Auf den Röntgenaufnahmen von ZnS wurden nach den Versuchen intensitätsstarke scharfe Linien des Sphalerits und sehr verschmierte und abgeschwächte Linien des Wurtzits beobachtet. Die Autoren zogen die Schlußfolgerung, daß das Vorhandensein eines bestimmten Anteils der hexagonalen Struktur im Sphalerit nach der Zerkleinerung ein Hinweis auf die Bildung einer defekten, ungeordneten Struktur mit unregelmäßiger Packung ist, analog zu den Deformationsdefekten in hexagonalen oder kubisch-flächenzentrierten Strukturen der Metalle.

Zur Untersuchung der Dynamik der strukturellen Änderungen im Siliziumkarbid unter der Einwirkung hoher Drücke und Temperaturen führten wir Versuche an großen Bruchstücken von α-SiC-Einkristallen durch, die in Siliziumkarbidpulver oder in einem anderen Material eingebettet und willkürlich in der Druckkammer orientiert waren. Die einkristallinen Splitter hatten im Ausgangszustand die Struktur 6H + Spuren von 15 R (Fig. 5a). Bei $p \sim 25$ kbar und $T \sim 1400-1700$ °C durchliefen die Splitter nicht die Umwandlung $\alpha \rightarrow \beta$-SiC, offensichtlich infolge des Korngrößeneffektes. Nichtsdestoweniger beobachtet man auf nach verschiedenen Methoden erhaltenen Röntgenaufnahmen

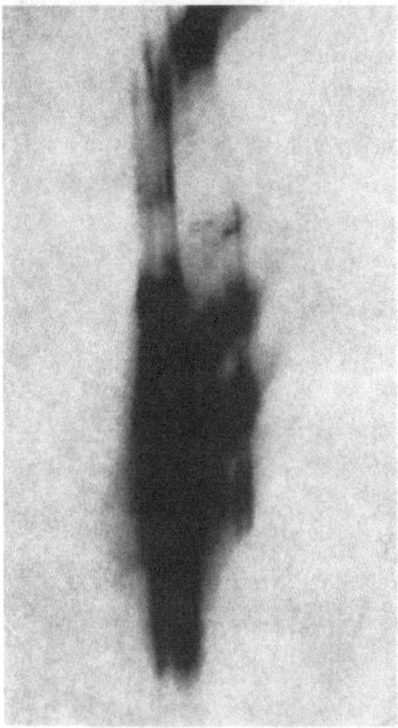

Fig. 6. Reflex im Lauediagramm hoher Auflösung (nach Fudshiwara) von Kristallsplittern des α-SiC nach einer Einwirkung von $p \sim 25$ kbar, $T \sim 1400$ °C. CoK_α-Strahlung

Fig. 7. Teil der Röntgenaufnahme mit zylindrischem Film eines feststehenden α-SiC-Kristallsplitters nach einer Einwirkung von $p \sim 25$ kbar, $T \sim 1400$ °C. CoK_α-Strahlung

interessante Erscheinungen. In Figur 6 ist die Struktur eines Reflexes in einem Laue-Diagramm hoher Auflösung bei willkürlicher Orientierung der Probe dargestellt. Die Blockstruktur des Reflexes widerspiegelt die Blockstruktur des Kristalls, seine Zerkleinerung unter der p, T-Einwirkung in subparallele Fragmente, die nicht die kristallographische Orientierung verlieren, sondern sich untereinander ausrichten. Das Zerbrechen der Kristalle in Blöcke beobachtet man auch unmittelbar unter dem Mikroskop, außerdem werden die Spalten zwischen den Blöcken dicht mit Pulver gefüllt, das den Kristall umgibt. Die Zerkleinerung des Kristalls in Blöcke, die gesetzmäßig zueinander orientiert sind, zeigt sich deutlich an den Reflexen der Röntgenaufnahme mit feststehender

Probe auf dem zylindrischen Film (Fig. 7). Auf Drehkristallaufnahmen, die von Splittern in willkürlicher Orientierung erhalten wurden (Fig. 8), beobachtet man 4 Arten von Effekten:

1) scharf begrenzte intensitätsstarke Reflexe an Stellen, die gemeinsamen Reflexen für α- und β-SiC entsprechen. Diese Reflexe weisen in einzelnen Fällen eine punktförmige Ausbildung und in anderen eine mehr oder weniger starke azimutale Ausdehnung auf (bei a)
2) Diffuse Reflexe von wesentlich geringerer Intensität an Stellen, die Reflexen des α-SiC entsprechen (bei b)
3) Charakteristische, gekrümmte Streifen, die die gesamte Röntgenaufnahme als eigenartiges Netz erscheinen lassen. Diese Kurven sind häufig in einige feinere Linien aufgespalten, die in einer Richtung verlaufen (bei c). Die betrachteten Streifen sind durch eine ununterbrochene, aber wechselnde Intensitätsverteilung charakterisiert. Sie bestehen aus diffusen Reflexen, die dem α-SiC entsprechen (bei b) und oft entlang der gekrümmten Streifen verschmiert sind. Scharfe, intensitätsstarke Reflexe, die gemeinsam zum α- und β-SiC gehören (bei a), sind mit diesen Kurven nicht verbunden
4) In einzelnen Fällen beobachtet man an stark zerkleinerten Kristallen radial verschmierte Basisreflexe des α-SiC in breiten Streifen (bei d)

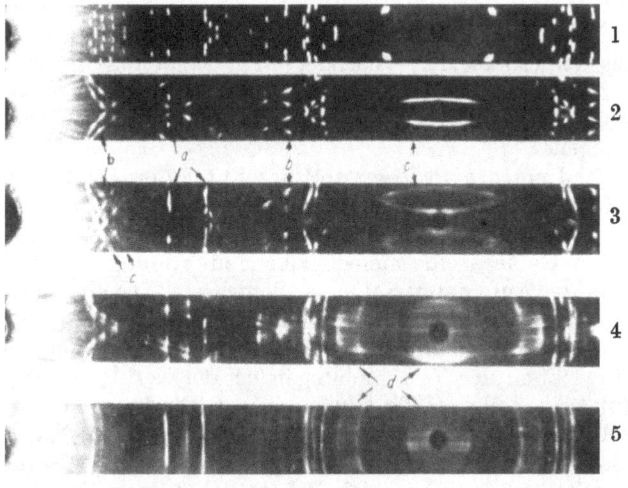

Fig. 8. Drehkristallaufnahmen von Kristallsplittern des α-SiC:
1) im Ausgangszustand
2–5) nach einer Einwirkung von $p \sim 25$ kbar; $T \sim 1200-1550$ °C. CoK_{α}-Strahlung.
Die Beschreibung der Effekte a, b, c, d ist im Text gegeben

Die Effekte 2 und 3 charakterisieren offensichtlich eine unterschiedliche Stufe einer Erscheinung — der Umordnung der Ausgangsstruktur des α-SiC. Die diffusen Flecke (b in Fig. 8) entsprechen offensichtlich Gebieten des ursprünglichen α-SiC, das sich im Anfangsstadium der Deformation befindet. Die gekrümmten Linien und Streifen weisen auf die Entwicklung des Umordnungsprozesses des ursprünglichen α-Polytyps und die Bildung einer ungeordneten Struktur hin.

Die röntgenographische Untersuchung nach der Laue-Methode zeigte, daß die entstehende Unordnung praktisch eindimensional ist. Sie besteht in einer Zerstörung der Periodizität der Packung der Schichten in Richtung der c-Achse des α-SiC-Kristalls (Fig. 5b). Jedoch gibt es auf den Röntgenaufnahmen Hinweise auf eine Abweichung der Fragmentblöcke von einer strengen gegenseitigen Parallelität und ihre Verschwenkung sowohl bezüglich der c-Achse (Fig. 5c) als auch in einer Ebene, die senkrecht zu c liegt (Fig. 5b). Die Trennung der scharfen Reflexe, die zum α- und β-SiC gehören (a in Fig. 8) von den Effekten 2 und 3 kann offensichtlich als anschauliche Bestätigung der Schlußfolgerungen von Edwards und Lipson sowie von Wilson dienen, daß sich Unregelmäßigkeiten in einer Struktur, die nach dem Prinzip der Kugelpackung aufgebaut ist, nur an Basisreflexen der α-Struktur widerspiegelt und sich nicht in Reflexen äußert, die der α- und β-Struktur gemeinsam sind. Die azimutale Ausdehnung einiger gemeinsamer Reflexe (a in Fig. 8) ist offenbar durch eine gewisse Verschwenkung der Blöcke der zerkleinerten Probe bestimmt.

Die radiale Verschmierung der Basislinien des α-SiC bei großen ϑ-Werten in breite Streifen (d in Fig. 8) zeugt davon, daß die intensive Zerkleinerung des Kristalls mit einer Verzerrung der Struktur verbunden ist, so daß die Gitterparameter ungleich werden.

4. Mechanismus des Übergangs $\alpha \rightarrow \beta$-SiC

Auf der Basis der erhaltenen experimentellen Ergebnisse ist es offensichtlich möglich, zu folgenden Vorstellungen über die strukturellen Änderungen zu kommen, die im Siliziumkarbid unter der Einwirkung hoher Drücke und Temperaturen erfolgen.

Im ersten Stadium des Prozesses erfolgt unter der Einwirkung einer Verschiebungsdeformation, die durch die Kompression hervorgerufen wird, eine Zerkleinerung der spröden Kristalle in Blöcke, die sich zueinander verschieben. Dabei entstehen Gebiete eindimensionaler Fehlordnung in der Struktur des α-SiC, Fehler in der Aufeinanderfolge der Schichten. Die eindimensionale Fehlordnung umfaßt einen beträchtlichen Teil des gesamten Volumens des Materials; sie äußert sich in Form zweidimensionaler Gebiete mit der Symmetrie des α-SiC. Unter der Einwirkung der Verschiebungen bei der Zerkleinerung der Kristalle in Blöcke erfolgt eine teilweise Trennung der Si–C-Bindungen der ursprünglichen α-Struktur. Man kann annehmen, daß die Trennung der Bindungen an geschwächten Stellen des Kristallgitters erfolgt, und zwar an den submikroskopisch verzwillingten Stellen, an denen sich Pakete der β-Packung in der α-Struktur zusammenlagern (Gomes de Mesquita).

Das in kleine Blöcke zerlegte „Halbfabrikat" — das so vorbereitete Material — wird unter der p, T-Einwirkung in der festen Phase umgebaut und als feinkristallines β-SiC fixiert. Die ungeordneten Gebiete bleiben teilweise in der neu gebildeten β-Struktur in Form zweidimensionaler α-Gebiete erhalten. Letztere können offensichtlich als Zwischenzustand betrachtet werden, der die Unvollständigkeit des Prozesses charakterisiert.

Nach der strukturellen Klassifikation der Arten polymorpher Umwandlungen, die von Buerger auf der Grundlage der Betrachtung der Atombindungen eingeführt wurde (Verma, Krishna), kann man die Umwandlung $\alpha \rightarrow \beta$-SiC als Umwandlung in zweiter Koordination klassifizieren, die nach dem Mechanismus der Verschiebung und des Umbaus (Rekonstruktion) erfolgt. Zwischen der Ausgangs- (α) und Endstruktur (β) des Siliziumkarbids ändern sich die Koordination und der Charakter der Atombindungen nicht, aber die Länge und die Energie der Bindungen ändern sich sehr geringfügig. Wenn in der ursprünglichen α-Struktur fertige Schichtenfolgen mit β-Packung enthalten sind, die einen großen Teil ($\geqq 50\%$) ihres Gesamtvolumens ausmachen, so wird offensichtlich der Umbau $\alpha \to \beta$-SiC sehr erleichtert.

Der Verschiebungsmechanismus der Deformation, d. h. die Wirkung von p, verursacht eine Zerkleinerung und Verzerrung der Ausgangsstruktur, aber gewährleistet an und für sich nicht die Umwandlung $\alpha \to \beta$-SiC. Für die Realisierung der letzteren ist eine Erhitzung notwendig, die die Möglichkeit eines Platzwechsels der Atome und des Aufbaus der β-Struktur in der festen Phase erhöht. Wie bekannt ist, verlaufen unter hohen Drücken die Prozesse in Richtung der Erhöhung der Dichte des Stoffes (Kleber, Wilke) und der Verringerung der Entropie entsprechend der Ordnung der Struktur (Verma, Krishna). Die experimentell ermittelte Tatsache des $\alpha \to \beta$-SiC-Übergangs unter der Einwirkung hoher Drücke und Temperaturen kann offensichtlich belegen, daß die Dichte des β SiC jedenfalls nicht geringer ist als die Dichte des α-SiC.

Der beobachtete $\alpha \to \beta$-SiC-Übergang und das Fehlen der Umwandlung des β-SiC bei analogen Bedingungen kann offensichtlich als experimentelle Bestätigung der Bevorzugung der β-Struktur unter Bedingungen hoher Drücke und Temperaturen dienen. Als theoretische Begründung dieser Erscheinung kann man sicherlich die höhere Symmetrie und Ordnung und die geringere Entropie der β-SiC-Struktur im Vergleich zum α-SiC ansehen.

5. Schlußfolgerung

Nach unserer Meinung ist das in der vorliegenden Arbeit behandelte Problem nicht nur im speziellen Fall des Siliziumkarbids von Interesse, sondern auch im weiteren Sinne für das Studium polymorpher Umwandlungen verschiedener Stoffe unter der Einwirkung hoher Drücke und Temperaturen. Die von uns am Beispiel des Siliziumkarbids beobachteten Erscheinungen sind möglicherweise in hinreichendem Maß allgemeiner Natur.

Zweifellos erfordert die Lösung des Problems des Mechanismus polymorpher Umwandlungen und strukturellen Änderungen der Stoffe unter hohen Drücken und Temperaturen eine detaillierte und tiefgründige Betrachtung.

Literatur

Edwards, O. S., Lipson, H.: Proc. Roy. Soc. A, **180**, 268 (1942)

Gomes de Mesquita, A. H.: Acta crystallogr. **23**, 610 (1967)

Hall, H. T.: in Untersuchungen bei hohen Drücken (russ. – Herausgeber Kirillin, W. A., Scheindlin, A. E.), Moskau 1962, S. 313

Kalinina, A. A., Sochor, M. I., Schamrai, F. I., Kowalowa, A. F.: Isv. Akad. Nauk SSSR, Neorg. Materialy, im Druck

Kleber, W., Wilke, K.-Th.: Kristall und Technik **4**, 165 (1969)

Nakamura, T., Shimizu, K., Osugi, J.: Rev. Physic. Chem. Jap. **39**, 104 (1969)

Peckner, D.: Mater. Design Engng. **54**, 111 (1961)

Smith, F. G., Hill, V. I.: Acta crystallogr. **9**, 821 (1956)
Sochor, M. I., Kondakow, W. G., Feldgun, L. I.: Dokl. Akad. Nauk SSSR **175**, 826 (1967)
Verma, A., Krishna, P.: Polymorphism and Polytypism in Crystals, New York–London–Sidney 1966
Whitney, E. D., Shaffer, P. T. B.: High Temperatures – High Pressures **1**, 107 (1969)
Wilson, A. I. C.: Proc. Roy. Soc. A, **180**, 277 (1942)

(Eingegangen am 30. Mai 1971; Übersetzung 20. Juli 1971)

Anschrift der Verfasser:

Dr. M. I. Sochor
Dr. A. A. Kalinina
Dr. L. I. Feldgun
Prof. Dr. V. A. Frank-Kamenezkij
Department of Crystallography
Leningrad State University
Universitetskaja Naber., 7/9
Leningrad, N-164 USSR

Kristall und Technik	7	4	1972	457–462

G. I. Distler, Y. M. Gerasimov

Institute of Crystallography, Academy of Sciences of the U.S.S.R., Moscow

Electrical Processes Occurring at the Moment of Cleaving NaCl Crystals

The electrical processes occurring on cleaving tempered NaCl crystals have been studied by decoration methods on the scale of electron microscopy. The decorating agent, gold, was evaporated at the moment of performing the cleavage. The obtained decoration pictures differed from those described in the literature. Features similar to the propagation of waves were observed. They begin on cleavage steps and are mostly parallel to ⟨100⟩. On interaction of the "waves" with the steps or with other "waves" there arise black "threads" distinguished, the same as the wave boundaries, owing to a very high contrast on account of the higher density of decorating particles. The waves and threads are interpreted as microbreakdowns, which have also a two-stage character — stages of wave and thread formation, propagate along definite crystallographic directions, and occur at the boundary of strained sites. The charge sign of the waves is determined from the degree of coalescence of decorating gold particles. The detected waves reflect the occurrence of specific polarization states in local sites of the surface. These states are induced by local electric fields of a very high intensity occurring on cleaving the crystals. These polarization states disappear in 10–15 s after the cleavage is made due to neutralization of the charges. Analogy is drawn between polarization structures in form of waves and stable linear polarization bridges occurring in crystals between oppositely charged point defects and their assemblies.

Методами декорирования на электронномикроскопическом уровне изучены электрические процессы, протекающие при раскалывании закаленных кристаллов NaCl. Декорирующий агент — золото — напылялся во время приготовления скола. Полученные картины декорирования отличались от описанных в литературе. Наблюдались фигуры, напоминающие распространение волн, начинающиеся, как првило, на ступенях скола и параллельные преимущественно ⟨100⟩. При взаимодействии волн со ступенями или другими волнами образуются черные ,,нити,“ выделяющиеся, как и границы волн, благодаря очень высокому контрасту за счет повышенной плотности декорирующих частиц. Волны и нити интерпретированы как микропробои, которые также имеют двухстадийный характер — стадии формирования волны и нити, распространяются по определенным кристаллографическим направлениям и возникают на границе напряженных мест. По степени коалесценции декорирующих частиц золота определен знак заряда волн. Обнаруженные волны отражают возникновение в докальных местах поверхности скола особых поляризационных состояний, которые индуцируются локальными электрическими полями очень большой напряженности, возникающими при раскалывании кристаллов. Эти поляризационные состояния исчезают через 10—15 секунд после скола в результате нейтрализации зарядов. Проведена аналогия между поляризационными структурами в виде волн и устойчивыми линейными поляризационными мостиками, возникающими в кристаллах между разноименно заряженными точечными дефектами и их скоплениями.

1. Introduction

The electrical structure of crystals determines many of their volumetric and surface properties. The decoration methods, based on selective crystallization of various substances on the elements of the electric relief of crystal surfaces, provide a means of revealing this relief and observing the changes it undergoes under chemical and physical influences, on different resolution levels. It has been found earlier (Distler 1968; Palmberg, Todd, Rhodin; Distler, Lebedeva, Moskvin 1969) that nucleation proceeds selectively at electrically active point defects, thus making these defects visible on decoration pictures. Investigation of the coalescence stage of the decorating material led to the detection of micro- and macroregions with different electrical properties in real crystals (Distler, Vlasov; Distler 1970), based on the fact that coalescence proceeds with a marked speed primarily on negatively charged surface regions, where thin water layers which play the part of a "lubricant" are physically adsorbed (Distler, Moskvin (1), (2)).

Various influences exerted on crystals, for example, mechanical influences, strongly affect their electrical structure. In the present paper the electrical phenomena which take place during the cleavage of NaCl crystals were studied by decoration methods on the scale of electron microscopy. Tempered NaCl crystals were chosen as an object for investigation, for the number of defects in such crystals is considerably increased so that a complementary energy is accumulated.

2. Experimental

Synthetic NaCl crystals, grown by the Kyropoulos' method, were tempered by heating them to 750 °C, maintaining this temperature for 5 – 10 min and then cooling down them to room temperature in a flow of air within 3 – 5 min. After this, the samples were heated to 150 °C and then cleaved along the cleavage plane (100) in a vacuum $2 \cdot 10^{-5}$ Torr. The decorating agent, gold, was evaporated both simultaneously with the cleavage and approximately 15 s after the cleavage was carried out. The deposition rate was 10 Å/s; it was checked by a quartz-crystal microbalance, as well as the layer thickness. The gold particles were subsequently backed with carbon and – after dissolving the NaCl crystals in water – examined in a Hitachi-II electron microscope at 75 kV.

3. Results and discussion

Thermal evaporation of gold onto tempered NaCl crystals at the moment of cleavage gives rise to decoration pictures which are quite unlike those described in the literature. One can see distinctive features which resemble the pictures of propagation of waves. The "waves" (Fig. 1) mostly begin on cleavage steps (frequently in their angles) and terminate in black "threads" also on cleavage steps or on other waves; these threads are readily visible on the micrographs because of a very high contrast. The waves have the width of the order of one micron, their length reaches about 30 microns. The threads are less than a micron in width and can reach several microns in length. In addition, a more complicated branching of the waves is observed; in some, though fairly rare cases the waves spread along the cleavage steps. The waves are generally parallel to definite crystallographic directions, usually ⟨100⟩.

The propagation of the waves has an intermittent character. They either cross the cleavage steps, or end on them. In few instances a continuous system consisting of waves occurring on different steps and interacting with one another with formation of threads is observed (Fig. 2). The waves are surrounded by a sharp boundary which, the same as the threads, appears black on the micro-

Fig. 1. General view of the "waves" and "threads" occurred on the surface of a tempered NaCl crystal on cleaving in vacuum at the moment of gold condensation. The picture reflects the occurrence of microbreakdowns

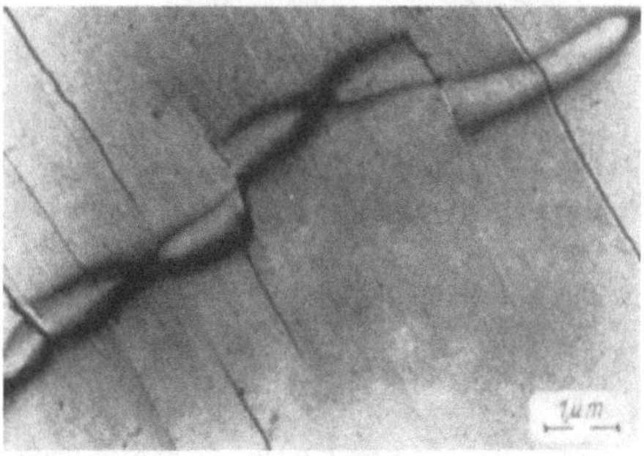

Fig. 2. A continuous system of waves and threads on the surface of a tempered NaCl crystal

graphs. (Some of the cleavage steps look black as well.) At higher magnifications, one may see a substantial difference between the structure of the cleavage surface in the regions of wave propagation and in adjacent regions (Fig. 3). This difference is associated with two factors. The first is the different density of cleavage steps; it is often considerably higher in the regions of wave propagation. The second is the different density and size of decorating gold particles in the regions of wave propagation as compared to the rest of the NaCl surface. It is worth noting that small areas of the cleavage surface, about 500 Å wide, adjacent to the black wave boundary from the outside, have a structure which is somewhat similar to the structure of the wave surface itself. Because of that the waves and the threads are mostly located in a peculiar rectangular "corridor" (Fig. 4).

The waves not only attract one another, in which case the black threads are formed, but they also repel one another (Fig. 5). Attraction and repulsion of the waves are undoubtedly indicative of the electrical nature of the observed effect. As coalescence of the nuclei and islands on the negatively charged regions of the surface results in larger particles (Distler 1970; Distler, Moskvin (1)),

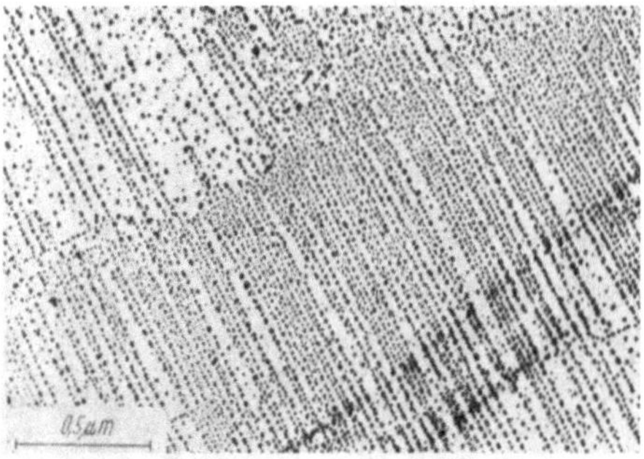

Fig. 3. Different surface structure in the region of the wave and thread as compared to the neighbouring regions

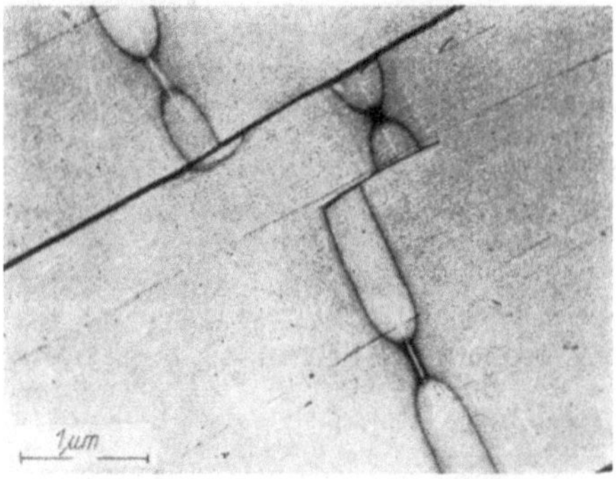

Fig. 4. The occurrence of waves and threads located in rectangular "corridors", accompanied with the formation of cracks

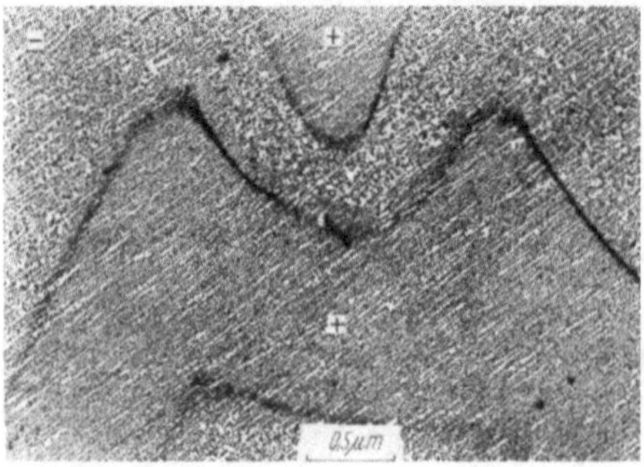

Fig. 5. Mutual repulsion of waves of the same charge sign

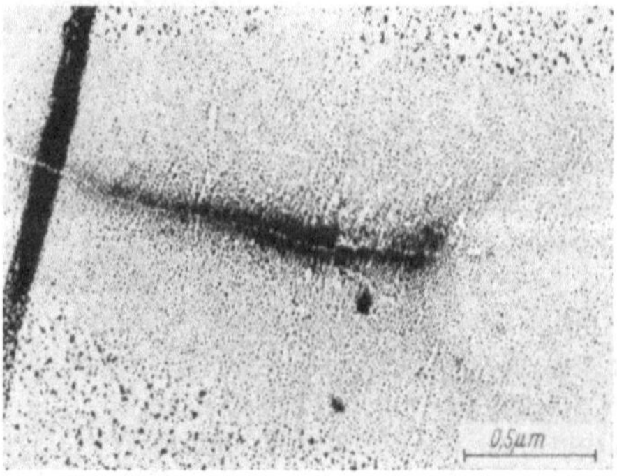

Fig. 6. Complicated structure of the wave, thread, and "corridor". The occurrence of a microbreakdown led to the formation of a crack

while the waves presented in Figure 5 are characterized by smaller non-coalesced gold particles, it follows that these waves are charged positively. The occurrence of waves of different charge sign may be additionally explained in terms of oppositely charged areas of tens and hundreds of microns found to be present in real crystals (KOBZAREVA, DISTLER).

The properties of the features observed on the surface of tempered NaCl crystals are very much like the properties of the breakdowns, described in the literature (FRANZ; VOROB'EV, VOROB'EV) because: 1) they have a two-stage character — the stage of wave formation and the stage of thread formation, 2) they propagate mainly along definite crystallographic directions, and 3) they arise at the boundary of strained sites — cleavage steps, in the given case. Hence the natural conclusion is that the obtained decoration pictures show the occurrence of electron avalanches and microbreakdowns during cleaving the crystals. The waves and threads are only detected when evaporation of gold is carried out exactly at the moment of performing the cleavage. This confirms that these waves and threads correspond to the electrical processes taking place during the cleavage and are not related to the structure itself of the cleavage surface. In the middle of some of the threads one can see thin white lines which extend into the region of waves and in some cases cross the steps (Figs. 4 and 6). These lines probably reflect the presence of cracks accounted for by the breakdowns.

As shown previously (SAUGIER, DUPUY; DISTLER, LEBEDEVA, MOSKVIN 1971), many cleavage steps are electrically active. The fact that there are cases when the waves cross the cleavage steps with no marked changes, whereas in other instances they interact with the steps giving rise to breakdowns, indicates that the cleavage steps exhibit different electrical properties. In the first case the steps are neutral or rather feebly charged; in the second case their charge sign is opposite to the sign of the corresponding waves so that microbreakdowns result. The length of the black threads which represent the breakdowns on the surface of crystals is likely to be characteristic of the charge magnitude of the waves, or waves and steps, respectively, which interact with one another; i.e. the more they are charged, the longer will be the threads, and vice versa. Therefore the decoration pictures not only reveal the presence of microbreakdowns but also show their relative sizes.

DERYAGIN and coworkers have found (DERYAGIN, KROTOVA; KROTOVA, KARASEV) that cleaving the solids in vacuum produces electric fields of very high intensity due to the separation of opposite charges. The detection of microbreakdowns on decoration patterns provides direct evidence of strong local electric fields occurring at the moment of cleaving. The detected waves of different charge signs apparently reflect the occurrence of a peculiar polarization state in local sites of the cleavage surface. The existence of such a polarization state, revealed on decoration pictures, was considered in our papers (DISTLER, TOKMAKOVA (1); 1970; 1971) for the case of linear bridges formed by decoration particles between the nuclei, at early crystallization stages. The formation of bridges was explained as follows. Between oppositely charged point defects and their micro- and macroassemblies the intensity of the electric field is at maximum. Therefore linear polarization structures which are more active than the neighbouring crystal regions arise in these sites of the volume and surface. On the other hand, the local electric fields of high intensity produced by cleaving the crystals as a consequence of the electron avalanche attack induce polarization structures in the crystal surface. These polarization structures are no more linear, as this is the case for oppositely charged point defects, but take up the form of waves. The waves are revealed by decorating the surface simultaneously with the cleaving. The wave-shaped polarization structures, in contrast to linear ones, are instable with time on account of the disappearance of the electric fields which cause them. Very soon after the cleavage is made, is a period of the order of seconds, neutralization of the electric charges takes place so that the waves and breakdowns are no longer observed on decoration pictures. The occurrence of "corridors" outside the black wave boundary can also be explained with polarization of surface regions under the influence of discharges taking place at the wave boundary. The high contrast (black colour) of the threads, wave boundaries and some of the steps is associated with the higher density of gold deposition which, in turn, is conditioned by the high electrical activity of these sites. In addition, the contrast of these sites is probably associated with the ionization of depositing gold atoms under the influence of local electric fields and this, as shown earlier (CHOPRA; MIHAMA, TANAKA) contributes to the increase in number of the nuclei.

The detected microbreakdowns probably account for the electrical and mechanical strength of crystals. It is most likely that the microbreakdowns are a phenomenon which accompanies many processes occurring on destroying the crystals and are, in particular, associated with various mechanochemical and tribochemical processes.

References

CHOPRA, K. L.: J. appl. Physics **37**, 2249 (1966)
DERYAGIN, B. V., KROTOVA, N. A.: Adhesion, Moscow 1949 (in Russian)
DISTLER, G. I.: J. Cryst. Growth **3, 4**, 175 (1968)
DISTLER, G. I.: Kristall u. Technik **5**, 73 (1970)
DISTLER, G. I., LEBEDEVA, V. N., MOSKVIN, V. V.: Kristallografiya **14**, 664 (1969)
DISTLER, G. I., LEBEDEVA, V. N., MOSKVIN, V. V.: J. Cryst. Growth **9**, 98 (1971)
DISTLER, G. I., MOSKVIN, V. V.: J. Cryst. Growth, in press (1)
DISTLER, G. I., MOSKVIN, V. V.: Dokl. AN SSSR, in press (2)
DISTLER, G. I., TOKMAKOVA, E. I.: Thin Solid Films **6**, 203 (1970)
DISTLER, G. I., TOKMAKOVA, E. I.: Kristallografiya **16**, 212 (1971)
DISTLER, G. I., TOKMAKOVA, E. I.: Kristallografiya, in press (1)
DISTLER, G. I., VLASOV, V. P.: Thin Solid Films **3**, 333 (1969)
FRANZ, W.: Dielektrischer Durchschlag, Berlin–Göttingen–Heidelberg 1956
KOBZAREVA, S. A., DISTLER, G. I.: Kristallografiya **16**, 601 (1971)
KROTOVA, N. A., KARASEV, V. V.: Dokl. AN SSSR **92**, 607 (1953)
MIHAMA, K., TANAKA, M.: J. Cryst. Growth **2**, 51 (1968)
PALMBERG, P. W., TODD, C. J., RHODIN, T. N.: J. appl. Physics **39**, 4650 (1968)
SAUGIER, H., DUPUY, C.: C. R. Acad. Sci. **252**, 1039 (1961)
VOROB'EV, A. A., VOROB'EV, G. A.: Electrical Breakdown and Destruction of Solid Dielectrics, Moscow 1966 (in Russian)

(Received July 7, 1971)

Authors' address:
Prof. Dr. G. I. DISTLER
Y. M. GERASIMOV
Institute of Crystallography
Academy of Sciences of the USSR
Moscow 117 333
Leninskiy prospekt 59

Kristall und Technik	7	4	1972	463–481

S. Kulpe und B. Schulz

Zentralinstitut für physikalische Chemie der Deutschen Akademie der Wissenschaften zu Berlin, 1199 Berlin-Adlershof, DDR

Das Konvergenz-Verfahren, ein hocheffektives Verfahren zur röntgenographischen Untersuchung von Kristallen (Konvergenz-Kamera)

In taking a convergence beam photograph a stationary crystal is lightened by the line focus of an X-ray tube. This experimental arrangement ensures that for a number of sets of net planes the Bragg condition is fulfilled simultaneously and during the full time of exposure especially for the intense characteristic line of the X-ray spectrum applied. Due to this effect the application of the convergence method yields extremely short exposure times compared to other usual X-ray film methods. A convergence camera may be constructed very simple (not any electrical equipment). It is a very useful tool in X-ray crystallography.

Beim Konvergenz-Verfahren wird ein während der Aufnahme im allgemeinen ruhender Kristall von einem strichförmigen Röntgenfokus beleuchtet. Dadurch ist für eine Anzahl von Reflexionsnetzebenenscharen die Bragg-Bedingung gleichzeitig und während der gesamten Belichtungsdauer auch für die intensiven charakteristischen Linien des verwendeten Röntgenspektrums erfüllt. Infolge dieses Effektes zeichnet sich das Konvergenz-Verfahren, verglichen mit anderen Röntgenaufnahme-Verfahren, durch beträchtlich kürzere Belichtungszeiten aus. Eine Konvergenz-Kamera kann sehr einfach gebaut sein. Das Verfahren wird deshalb in allen Bereichen, in denen Kristalluntersuchungen betrieben werden, sehr effektiv und rationell sein können.

1. Einleitung

Bereits 1917 gab H. Seemann im Zusammenhang mit geometrischen Diskussionen zur Entdeckung der Beugung von Röntgenstrahlen an Kristallen durch Laue, Friedrich und Knipping ein Schema an, demzufolge ein Kristall in ruhender (fester) Lage einer flächenhaft ausgedehnten, ebenfalls ruhenden Röntgenstrahlquelle gegenübergestellt wird. H. Seemann nannte dieses Verfahren „Festkristall-Methode“. Der Kristall K sieht diese flächenhaft ausgedehnte Strahlungsquelle F', Figur 1a, unter einem endlichen, relativ großen Raumwinkel α'.

Im Hinblick auf die von uns benutzte praktische Anwendung, bei der ein Kristall K (Fig. 1b) von einer strichförmigen Röntgenstrahlquelle beleuchtet werden soll (Strichfokus), denken wir uns den räumlichen Winkel α' in bezug auf die Fläche F' in einen ebenen Winkel α in bezug auf den Strich F entartet.

Denkt man sich nun diese strichförmige Röntgenstrahlquelle in einzelne, kleine Flächenelemente ΔF unterteilt und betrachtet jedes Flächenelement als punktförmige Röntgenstrahlquelle, so treffen nach diesem Bilde den Kristall eine ganze Anzahl einzelner fast paralleler Strahlen, von denen jeder den ruhenden Kristall unter einem anderen Winkel trifft. Den gesamten Winkelbereich, in dem diese Einzelstrahlen liegen, bezeichnen wir nach Figur 1b mit α. Demzufolge kann für eine gewisse Anzahl von Reflexions-Netzebenenscharen gleichzeitig die Braggsche Reflexionsbedingung erfüllt werden, ohne daß der Kristall sich bewegen muß.

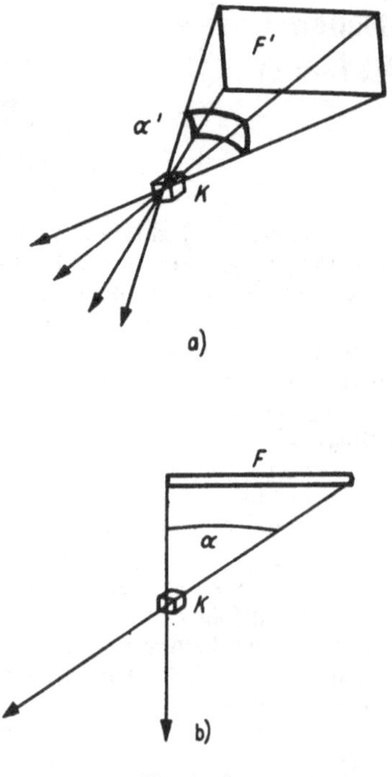

Fig. 1a, b

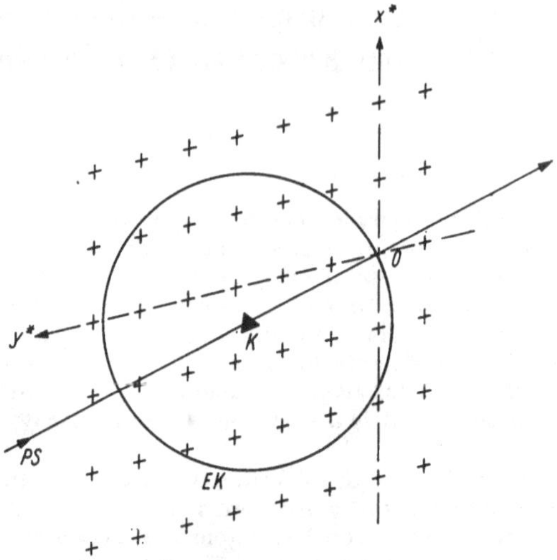

Fig. 2. Ewald-Konstruktion für einen ruhenden Kristall mit Einstrahlung eines monochromatischen parallel ausgeblendeten Primärstrahles. Bezeichnungen wie Figur 3

Ein ganz wesentlicher Umstand ist dabei der, daß diese Reflexions-Netzebenenscharen während der gesamten Belichtungsdauer in Reflexionsstellung sich befinden. Gerade dieser Umstand macht die Seemannsche Festkristallmethode unter bestimmten Bedingungen hocheffektiv für die praktische Anwendung auf dem Gebiet der Untersuchung von Kristallen mit Röntgenstrahlen.

Die bisher üblichen Verfahren zur Untersuchung von Kristallen (Einkristallen) zum Zwecke der Strukturaufklärung beruhen fast ausschließlich auf der Bestrahlung der Kristalle mit annähernd parallel ausgeblendeten Röntgenprimärstrahlen. Dabei ist die Ausdehnung der Kristalle (etwa 0,01 mm bis 1 mm) klein im Vergleich zu ihrer Entfernung zum Brennfleck der Röntgenröhre (50 mm bis 150 mm). Zur Ausblendung des Primärstrahles ist es üblich, Parallelblenden mit einem Durchmesser von 0,1 mm bis 1 mm zu verwenden. Dadurch wird ein fast paralleles Strahlenbündel ausgeblendet, d. h. der Kristall sieht den Brennfleck unter einem sehr kleinen Winkel ($\alpha < 1^{\circ}$).

2. Bewegt-Kristall-Verfahren

Bei monochromatischem, parallel ausgeblendetem Röntgenprimärstrahl reicht ein so kleiner Winkelbereich im allgemeinen nicht aus, um bei einem relativ zur Strahlenquelle ruhenden Kristall eine oder gar mehrere Netzebenenscharen zur Reflexion zu bringen. Diese Situation wird in Figur 2 mit Hilfe der bekannten Ewald-Konstruktion veranschaulicht.

Unter der Voraussetzung scharfer reziproker Gitterpunkte und einer scharf begrenzten Ewald-Kugel (EK) liegt in Figur 2 kein reziproker Punkt in der Oberfläche der EK.

Erst ein Hin- und Herschwenken des Kristalls (K) relativ zum Primärstrahl (PS) um den Winkel β erzwingt den Durchtritt ausreichend vieler reziproker Punkte durch die EK und damit die Erzeugung ausreichend vieler Bragg-Reflexe und ihre Registrierung auf einem zylindrisch um den Kristall gelegten Film (Fig. 3). In Figur 2 und 3 soll der PS in der Zeichenebene und die Schwenkachse des Kristalls senkrecht zur Zeichenebene liegen. Dieses Verfahren der Erzeugung ausreichend vieler Reflexe während einer Aufnahme ist das bekannte, viel benutzte Schwenkverfahren (oscillation method). In Figur 3 ist die übliche Ewald-Konstruktion zur Beschreibung des Schwenkverfahrens wiedergegeben. Die meisten, zur Zeit üblichen Röntgenaufnahmeverfahren zur

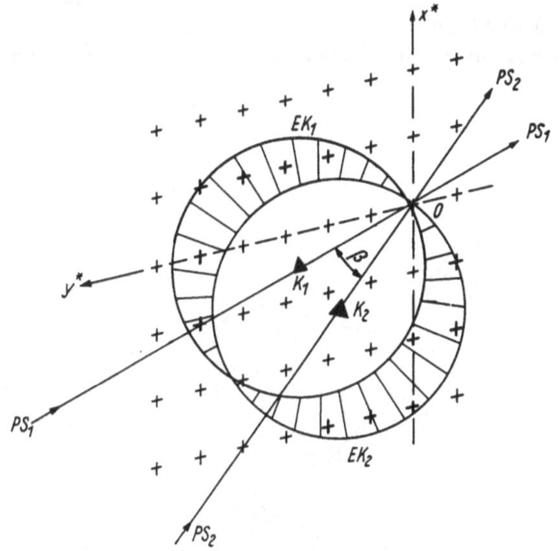

Fig. 3. Übliche Veranschaulichung des Schwenk-Verfahrens mit Hilfe der Ewald-Konstruktion.

Es bedeuten: x^*, y^*: Translationsrichtungen im reziproken Gitter des zu untersuchenden Kristalls; 0: Ursprung des reziproken Gitters; PS_1 und PS_2: Primärstrahlrichtungen an den Umkehrpunkten des Schwenkbereiches; +: reziproke Gitterpunkte; EK_1, EK_2: Ewald-Kugeln an den Umkehrpunkten des Schwenkbereiches. Reziproke Gitterpunkte in den schraffierten, mondsichelförmigen Gebieten sind diejenigen, die während des Schwenkens um den Winkel β zu Bragg-Reflexen Anlaß geben. Alle diese Reflexe werden von einem Primärstrahl gleicher Wellenlänge und gleicher Intensität erzeugt

Strukturaufklärung von Einkristallen beruhen auf einer Bewegung des Kristalls relativ zum Primärstrahl während der Aufnahme. Die bekanntesten Bewegt-Kristall-Methoden sind:

Kristall-Drehverfahren (Schwenk-Verfahren)
Weißenberg-Verfahren
De Joung-Bouman-Verfahren
Schiebold-Sauter-Verfahren
Buerger-Präzessions-Verfahren

Diese Verfahren arbeiten monochromatisch, das heißt man monochromatisiert bereits den einfallenden Primärstrahl, oder man überläßt dem Kristall selbst die Monochromatisierung durch Ausnutzung des extremen Intensitätsunterschiedes zwischen Bremsstrahlung und charakteristischer Strahlung. Die bei diesen Verfahren ausgewerteten Filmreflexe sind im allgemeinen Reflexe einer Wellenlänge.

3. Fest-Kristall-Verfahren

3.1 Laue'sche Festkristallmethode

Eine „Festkristall-Methode" dagegen ist auch das älteste experimentelle Verfahren der Röntgenbeugung, das Laue-Friedrich-Knipping-Verfahren, jedoch in einem ganz anderen Sinne, als die Festkristall-Methode nach Seemann. Beiden Methoden gemeinsam ist die feste Lage des Kristalls relativ zur Strahlenquelle während der Aufnahme. Während aber bei der Festkristallmethode nach Seemann der ruhende Kristall eine flächenhaft ausgedehnte Strahlenquelle unter

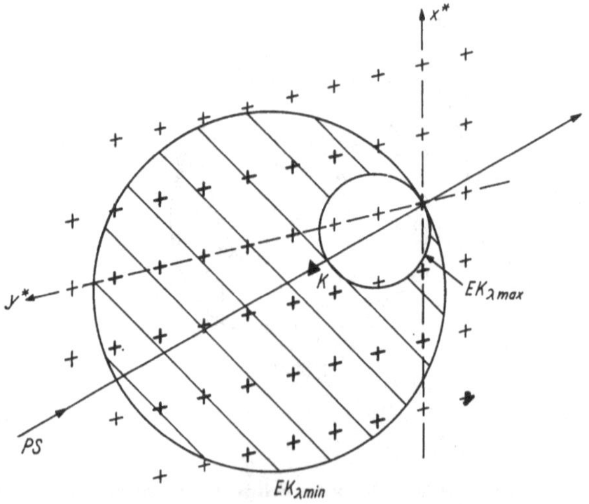

Fig. 4. Übliche Veranschaulichung des Laue-Verfahrens mit Hilfe der Ewald-Konstruktion.
Reziprokes Gitter wie in Figur 3. PS bzw. K: Primärstrahl bzw. Kristall, während der Aufnahme relativ zueinander ruhend. EK λ_{max}, EK λ_{min}: Ewald-Kugeln für die maximale und minimale Wellenlänge des eingestrahlten polychromatischen Röntgenlichts. Die im schraffierten Gebiet zwischen den Ewald-Kugeln liegenden reziproken Gitterpunkte geben zu Bragg-Reflexen Anlaß. Jeder einzelne dieser Reflexe wird von einem Primärstrahl unterschiedlicher Wellenlänge und unterschiedlicher Intensität erzeugt

einem relativ großen räumlichen Winkel sieht (Fig. 1a, b) wird beim LAUE-Verfahren der ruhende Kristall üblicher Weise von einem praktisch parallel ausgeblendeten Primärstrahl beleuchtet. Das Röntgenlicht muß polychromatisch sein. Das ist die wesentliche Bedingung beim LAUE-Verfahren. Hier wird die gleichzeitige Reflexion mehrerer (ausreichend vieler) Netzebenenscharen durch die im Primärstrahl enthaltenen verschiedenen Röntgenwellenlängen verursacht, von Bremsstrahlung und charakteristischer Strahlung gemeinsam. In Figur 4 ist eine der üblichen Ewald-Konstruktionen zur Beschreibung des LAUE-Verfahrens wiedergegeben. Alle die reziproken Gitterpunkte, die im Gebiet zwischen der kleinen Ewald-Kugel $EK_{\lambda_{max}}$ und der größeren Ewald-Kugel $EK_{\lambda_{min}}$ liegen, geben zu Bragg-Reflexen Anlaß. Dabei ist jedoch zu bedenken, daß die Röntgenintensitäten, die zu den einzelnen, unendlich dicht nebeneinanderliegenden Ewaldkugeln gehören, wegen der Intensitätsverteilung des Bremsspektrums und der überlagerten charakteristischen Strahlung sehr unterschiedlich ist. Um ausreichend viele Reflexe auf einer Laue-Aufnahme beobachten zu können, sind deshalb relativ lange Belichtungszeiten erforderlich.

3.2 Seemann'sche Fest-Kristall-Methode

Die wesentliche Bedingung bei der Seemann'schen Fest-Kristall-Methode ist das Vorhandensein einer mindestens strichförmig ausgedehnten Röntgenstrahlquelle mit charakteristischer Strahlung und einem endlichen, nicht zu kleinen Öffnungswinkel α (Fig. 1a). Man benötigt zur Realisierung dieses Verfahrens also einen strich- bzw. flächenförmigen Brennfleck. Relativ unwesentlich ist es (ähnlich wie bei den Bewegt-Kristall-Methoden), ob die verwendete Strahlung monochromatisiert oder nicht monochromatisiert ist. Infolge des endlichen Öffnungswinkels α gilt die gleichzeitige Erfüllung der Reflexionsbedingung an den Netzebenenscharen für die intensivsten, im Röntgenspektrum enthaltenen charakteristischen Linien (K-Linie). Auf dem Röntgenfilm sichtbar sind (im Unterschied zum LAUE-Verfahren) im wesentlichen nur solche Reflexe, die von diesen intensivsten Linien des Antikathodenmaterials herrühren, falls ungefilterte Strahlung verwendet und die Belichtungszeit kurz gehalten wird. Bei kurzer Belichtungszeit sind praktisch nur die Reflexe der charakteristischen Strahlung sichtbar. Die von der Bremsstrahlung erzeugten Reflexe bleiben wegen ihrer relativ viel schwächeren Intensität bei der Seemann'schen Fest-Kristall-Methode praktisch unsichtbar.

Der wesentliche Vorzug dieser Methode besteht also darin, daß während der gesamten Belichtungszeit eine ganze Anzahl Netzebenenscharen die charakteristischen, intensiven Linien des Primärstrahlspektrums reflektieren. Bei den Bewegt-Kristall-Methoden befinden sich diese K-Linien-Reflexe nur für einen kleinen Bruchteil der gesamten Belichtungszeit in Reflexionsstellung.

Setzt man für alle bisher angeführten Methoden gleiche spezifische Flächenhelligkeit der Röntgen-Primärstrahlquellen voraus, so sollten für das Seemann'sche Festkristall-Verfahren die bei weitem kürzesten Belichtungszeiten zur Erzeugung einer ausreichenden Zahl von Bragg-Reflexen zu erwarten sein.

Als charakteristisches Merkmal der Seemann'schen Fest-Kristall-Methode kann man ansehen, daß die Röntgenstrahlen von den flächenhaft ausgedehnten Röntgenstrahlquellen F' und F in Figur 1a und 1b auf den Kristall zu konvergieren. Dadurch unterscheidet es sich von den üblichen Röntgenverfahren der

Röntgen-Kristallstrukturanalyse. Wir werden dieses Verfahren deshalb als „Konvergenz-Verfahren" bezeichnen[1]).

4. Das Konvergenzverfahren

4.1 Ewald-Konstruktion beim Konvergenz-Verfahren

Selbstverständlich kann auch das Konvergenz-Verfahren mit Hilfe der Ewald-Konstruktion recht anschaulich beschrieben werden, was in Figur 5 erfolgt. Der Strichbrennfleck F liegt in der Zeichenebene[2]). Von seinem linken Rand geht

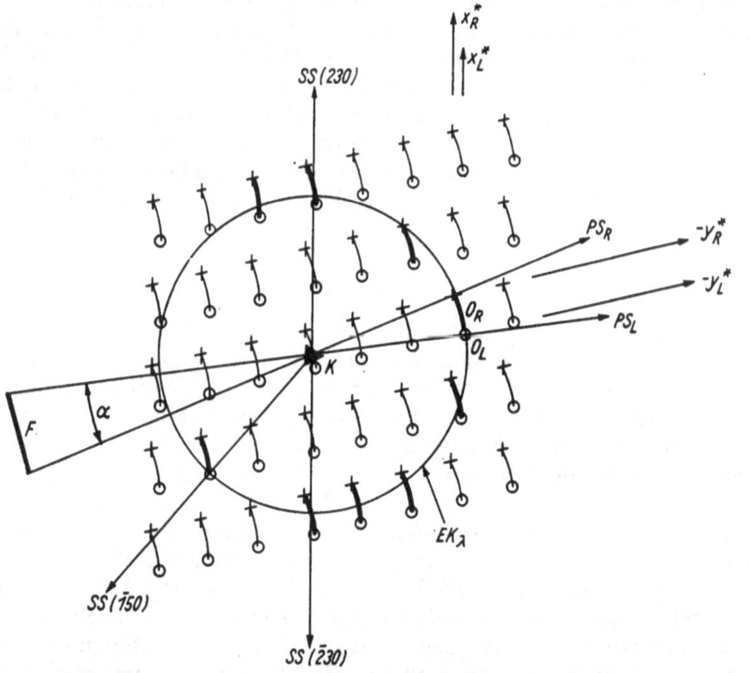

Fig. 5. Darstellung des Konverganz-Verfahrens mit Hilfe der Ewald-Konstruktion. Erklärung siehe Text

[1]) Diese Bezeichnung wurde auch von Kratky benutzt. In dieser und den folgenden Arbeiten von Kratky findet sich jedoch kein Bezug auf die Arbeiten von Seemann. Seemann hat in diesen Arbeiten zweifellos das Prinzip des Konvergenzverfahrens beschrieben, nur nennt er die von ihm beschriebene Methode „Festkristallmethode". In einer persönlichen Mitteilung an die Verfasser stimmte H. Seemann der Bezeichnung „Konvergenz-Verfahren" zu und hielt sie für besser, als die von ihm (Seemann) ursprünglich gewählte. Die genannten Arbeiten (Seemann) wurden den Verfassern erst nach Abdruck der Arbeit von Kulpe, Schulz bekannt. Die darin enthaltenen Bemerkungen über den Ursprung des Konvergenz-Verfahrens, auch der Titel, bedürfen deshalb einer entsprechenden Abänderung.

[2]) Die Ausdehnung des Strichfokus senkrecht zur Zeichenebene in Figur 5 soll bei der Diskussion vernachlässigt werden. Bei den kommerziellen Feinfokusröhren für die Zwecke der Feinstrukturanalyse sind zur Zeit übliche Ausdehnungen der Brennflecke etwa

$$10 \text{ mm} \times 1 \text{ mm} .$$

Ihre optische Wirksamkeit außerhalb der Röhre beträgt jedoch in der Regel nur

$$10 \text{ mm} \times 0{,}1 \text{ mm} .$$

der Primärstrahl PS_L, von seinem rechten Rand der Primärstrahl PS_R aus, die beide den Kristall K im Mittelpunkt der Ewald-Kugel EK_λ für die Wellenlänge λ treffen, und die im Punkte O_L und O_R die Ewald-Kugel wieder verlassen. Zwischen PS_L und PS_R gehen von den Flächenelementen ΔF des Strichbrennflecks F die anderen Primärstrahlen aus. Jeder von diesen trifft den Kristall K im Gebiet des Konvergenzwinkels α unter einem anderen Winkel. Dieses konvergente Bündel von Primärstrahlen verläßt die Ewald-Kugel EK_λ in einem Kreisbogenstück auf EK_λ, das von den Punkten O_R und O_L begrenzt wird. Dementsprechend ist der „Ursprung des reziproken Gitters" beim Konvergenz-Verfahren zu dem Strich $\overline{O_R O_L}$ entartet. Das wiederum hat zur Folge, daß das reziproke Gitter eines jeden Kristalls, welcher vom Strichbrennfleck F beleuchtet wird, als ein Gitter von Strichen betrachtet werden kann, deren Länge und Form gleich der Länge und Form des reziproken Ursprungs-Striches $\overline{O_R O_L}$ sind und die durch räumliche Parallelverschiebung aus $\overline{O_R O_L}$ hervorgehen (Fig. 5). Man kann auch sagen, alle zu den einzelnen Primärstrahlen PS (die von den Flächenelementen ΔF des Strichfokus F ausgehen) gehörenden Ewald-Kugeln EK_λ fallen in der einen, in Figur 5 gezeichneten EK_λ zusammen. Die Orientierung der Striche ist natürlich abhängig von der Einstrahlrichtung des konvergenten Primärstrahles durch den Kristall.

Die Bragg'sche Reflexionsbedingung ist für die Punkte erfüllt, an denen solche reziproken Gitterstriche die Ewald-Kugel schneiden. In Figur 5 ist das für acht Gitterstriche der Fall. Es sind als Beispiele die Sekundärstrahlen SS für die Netzebenen (230), ($\bar{2}$30) und ($\bar{1}$50) eingezeichnet. Für die entsprechenden acht Netzebenenscharen ist die Bragg-Reflexionsbedingung während der gesamten Belichtungszeit erfüllt.

4.2 Vorzüge des Konvergenz-Verfahrens

Die beim Konvergenz-Verfahren mit ruhendem Kristall entstehenden Reflexe sind, wie aus Figur 5 anschaulich zu entnehmen ist, relativ scharfe Reflexe (Schwärzungspunkte auf dem Röntgenfilm), die sich kaum von Reflexen auf Schwenkaufnahmen unterscheiden. Figur 6 zeigt eine Schwenkaufnahme eines Kristalls mit Schwenkwinkel 8° und Belichtungszeit 18′. Figur 7 zeigt eine Konvergenzaufnahme des gleichen Kristalls mit der von uns entwickelten Konvergenzkamera. Der Konvergenzwinkel beträgt 8°, die Belichtungszeit 3′. Es wurde darauf geachtet, daß vergleichbare Reflexe etwa die gleiche Intensität besitzen. Die Belichtungszeiten verhalten sich etwa wie

$$\text{Konvergenzaufnahme} : \text{Schwenkaufnahme} \approx 1 : 6.$$

Die Konvergenzaufnahme wurde vor dem Strichfokus einer 3-Fenster-Feinfokus-Ölröhre der Firma „Phönix" Rudolstadt, DDR, die Schwenkaufnahme vor einem der beiden Punktfokusse der gleichen Röhre bei gleichen Betriebsbedingungen mit einer Parallelstrahlblende mit einem Durchmesser von 0,8 mm gemacht. An diesem Beispiel ist deutlich die Überlegenheit des Konvergenz-Verfahrens gegenüber dem Schwenkverfahren zu erkennen. Sie liegt vor allem in der wesentlich kürzeren Belichtungszeit für die Konvergenzaufnahme.

Ein weiterer, praktisch wichtiger Vorteil ist der im Vergleich zu einer Schwenkkamera einfache Bau einer Konvergenzkamera. Jeder Schwenkmechanismus und der damit notwendigerweise verbundene relativ hohe mechanische und elektrische Aufwand entfällt. Eine Konvergenzkamera (KVK) kann wesentlich kleiner in den Abmessungen sein, sie ist einfacher im Aufbau, leichter im Gewicht, robuster und leichter zu bedienen. Insbesondere entfällt bei der Bedienung der Konvergenzkamera jede spezielle Einstellung des Schwenkbereiches.

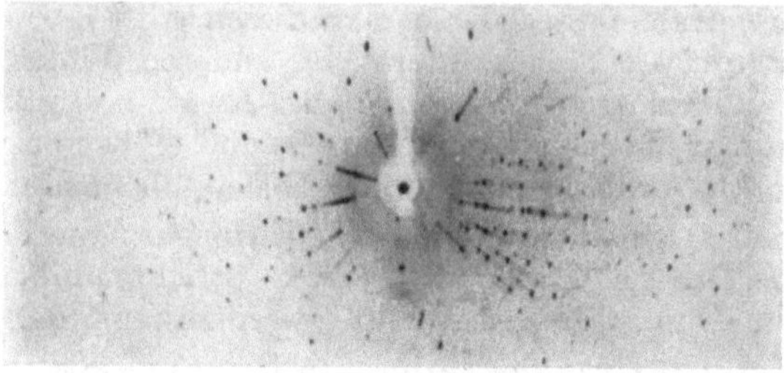

Fig. 6. Schwenkaufnahme eines dejustierten Kristalls.
Schwenkwinkel 8°, Belichtungszeit 18 min, Blendendurchmesser der Parallelstrahlblende 0,8 mm

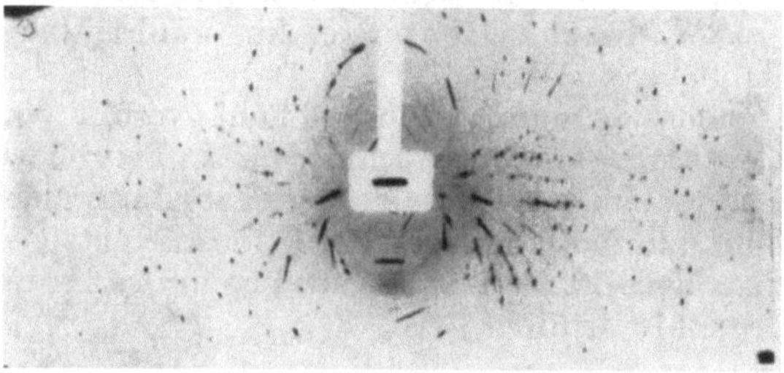

Fig. 7. Konvergenzaufnahme desselben Kristalls wie nach Figur 6. Als mittlere Einstrahlrichtung des konvergenten Primärstrahls wurde die Mitte des Schwenkbereiches, als Röntgenstrahlquelle wurde der Strichfokus der gleichen Röhre unter gleichen Betriebsbedingungen wie nach Figur 6 gewählt.
Konvergenzwinkel 8°; Belichtungszeit 3 min

4.3 Konvergenz-Kamera

Die Abmessungen der KVK können leicht so klein gehalten werden, daß sie ähnlich wie eine Debye-Scherrer-Pulver-Kamera direkt am Röhrenkopf einer Röntgenröhre gehaltert werden kann und keinen Platz auf dem Röhrentisch beansprucht (Fig. 8). Auf diese Weise läßt sich z. B. eine sehr rationelle Auslastung der 3 Fenster (2 Punktfokus- und 1 Strichfokus-Fenster) einer modernen 3-Fenster-Feinfokusröhre erzielen (Fig. 9)[1]). In Figur 9 ist eine am Röhrenkopf gehalterte Konvergenz-Kamera gezeigt, die zwischen zwei, an den gegenüberliegenden Punktfokusfenstern betriebenen Weißenberg-Kameras angebracht ist und die rationelle Ausnutzung des Strichfokusses während des Betriebes der Weißenberg-Kameras ermöglicht. Natürlich läßt sich die KVK auch auf verschiedenartigen Stativen befestigen. Figur 8 zeigt die KVK am Röhrenkopf hängend von der Seite. Die Kamera ist horizontal, vertikal und durch Kippung um eine Achse vor dem Röhrenfenster justierbar. Der Kristall ist auf einem,

---

[1]) Das gilt natürlich auch für 4-Fenster-Feinfokusröhren mit je zwei gegenüberliegenden Strich- und Punktfokusfenstern.

nach internationalen Normen gebauten Goniometerkopf befestigt (Fig. 10). Ein klappbares Fernrohr (Fig. 8, rechts unten) ermöglicht die optische Vorjustierung des Kristalls. Die Primärstrahlausblendung erfolgt durch eine spezielle Konvergenzblende, die so gebaut ist, daß der Kristall den ganzen Strichbrennfleck sieht und möglichst wenig Streuung am Blendenaustritt verursacht wird, um den Untergrund auf dem Film — vor allem in der Nähe des Primärstrahlfleckes — möglichst gering zu halten (vergleiche hierzu Figur 6 und 7). Ein spezieller Primärstrahlfänger ist am Deckel der KVK befestigt (Fig. 11). Sein Schatten ist

Fig. 8. Konvergenz-Kamera direkt gehaltert am Röhrenkopf einer 3-Fenster-Feinfokusröhre (Die Aufnahmen nach Fig. 8 bis 11 werden mit freundlicher Genehmigung des Herstellers, VEB Freiberger Präzisionsmechanik, gezeigt)

Fig. 9. Konvergenz-Kamera am Röhrenkopf einer 3-Fenster-Feinfokusröhre zwischen zwei Weißenberggoniometern an derselben Röhre

Fig. 10. Konvergenz-Kamera am Röhrenkopf einer 3-Fenster-Feinfokusröhre mit zurückgezogenem Filmzylinder. Sichtbar ist der Goniometerknopf mit aufgesetztem Kristall

Fig. 11. Filmzylinder der Konvergenz-Kamera mit Deckel und schwenkbarem Primärstrahlfänger

auf Figur 7 deutlich sichtbar. Durch Wegdrehen aus dem Primärstrahl kann der Film mit dem Primärstrahl belichtet werden (vergleiche die Primärstrahlflecke auf den Figuren 6 und 7).

4.4 Justierung von Kristallen unter Verwendung von Konvergenzaufnahmen

Vergleicht man die oben angegebenen Prinzipien, auf denen das Schwenkverfahren einerseits und das Konvergenz-Verfahren andererseits beruhen, dann ist zu erkennen, daß die für das Schwenkverfahren üblichen Justier-Methoden auch auf das Konvergenz-Verfahren angewendet werden können. Das wird bereits durch die große Ähnlichkeit der beiden Aufnahmen nach Figur 6 und 7 nahegelegt.

Insbesondere ist die Justierung von Kristallen aus Konvergenzaufnahmen auch unter Verwendung des Kristalljustiergerätes (Crystal Setter) (KULPE, 1963;

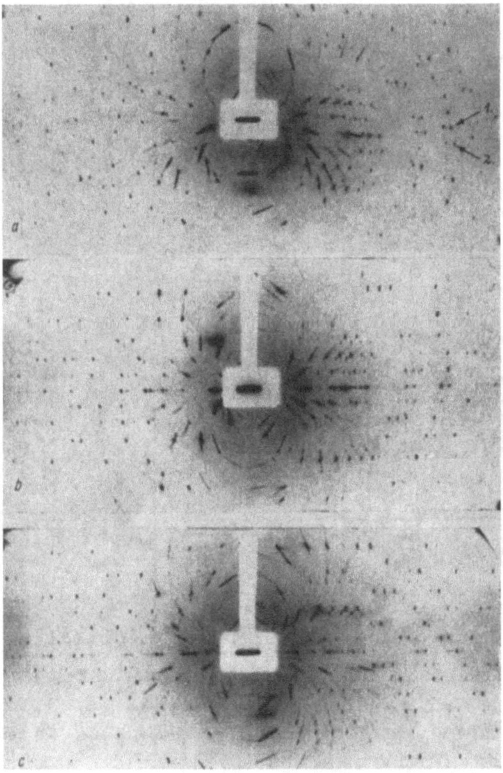

Fig. 12. a – Konvergenzaufnahme eines dejustierten Kristalls, aus der durch Verwendung des Kristalljustiergerätes in einem Arbeitsgang zwei charakteristische Translationsrichtungen gefunden wurden
b – Konvergenzaufnahme des in die Richtung mit der Translationsperiode d_1 = 13,0 Å justierten Kristalls
c – Konvergenzaufnahme des in die Richtung mit der Translationsperiode d_2 = 14,6 Å justierten Kristalls

KUPLE, 1968; KULPE, DORNBERGER-SCHIFF) möglich. Die Konvergenzaufnahme eines dejustierten Kristalls ist in Figur 12a abgebildet. Mit Hilfe des Kristalljustiergerätes wurden aus dieser Aufnahme in einem Arbeitsgang zwei charakteristische Translationsrichtungen mit den Translationsperioden $d_1 = 13{,}0$ Å und $d_2 = 14{,}6$ Å gefunden. In Figur 12b und 12c sind die entsprechenden Konvergenzaufnahmen in den justierten Stellungen des Kristalls abgebildet. Eine Röntgenaufnahme, auf dem Kristalljustiergerät zum Zwecke der Auswertung befestigt, ist in Figur 13 abgebildet.

Ähnlich wie die Auswertung von Schwenkaufnahmen (KULPE, KRETSCHMER) ist auch die Auswertung von Konvergenzaufnahmen mit dem Kristalljustiergerät besonders rationell und einfach. Eine Einfach-Konvergenzaufnahme reicht aus, um die Beträge der Korrekturwinkel und die Verstellungsrichtungen auf den Bögen des Goniometerkopfes eindeutig und genau vermessen zu können. Solch eine Einfach-Konvergenzaufnahme (Einfach-Schwenkauf-

Fig. 13. Kristalljustiergerät mit aufgespannter Röntgenaufnahme eines dejustierten Kristalls

nahme) besitzt im Unterschied zu den üblichen Überlagerungsaufnahmen eine höhere Auflösung und demzufolge einen höheren Informationsgehalt. Die Überlagerungsaufnahmen, wie zum Beispiel Doppel-Schwenk-, Schwenk-Laue- oder Doppel-Konvergenzaufnahme verlieren durch Überlagerung zweier Röntgenaufnahmen wesentlich an Übersichtlichkeit.

4.5 Der Konvergenzwinkel α und seine Bestimmung

In der Regel wird man an einem möglichst großen Konvergenzwinkel α interessiert sein, um auf einer Konvergenzaufnahme möglichst viele Reflexe einer charakteristischen Wellenlänge beobachten zu können. Der maximale Konvergenzwinkel, der sich mit einer bestimmten experimentellen Anordnung erreichen läßt, ist eine Gerätekonstante. Beim Bau einer Konvergenz-Kamera wird man deshalb darauf bedacht sein, die Anordnung so zu wählen, daß Strichbrennfleck und Kristall sich möglichst nahe kommen (Fig. 1b). Mit der Geräteanordnung in Figur 8 haben wir einen Konvergenzwinkel von 8° erreicht. Das ist ein Winkel, der für die praktisch vorkommenden Fälle[1]) ausreicht.

[1]) Insbesondere gilt das bei Anwendung des Kristalljustiergerätes (KJG). Selbst für Kristalle mit kleiner Elementarzelle und hoher Symmetrie, d. h. vielen Reflexauslöschungen, sind nur wenige Reflexe auf dem Röntgenfilm erforderlich, um eine reziproke Netzebenenschar mit Hilfe des KJG zu erkennen.

Eine Methode zur Bestimmung des effektiven Konvergenzwinkels haben wir schon früher angegeben (KULPE, SCHULZ). Sie beruht im wesentlichen darauf, einen Kristall mit bekannten Gitterkonstanten und bekannter, nicht zu geringer Symmetrie zu verwenden, die Reflexe einer beliebigen reziproken Schicht einer Konvergenzaufnahme dieses Kristalls zu indizieren und schließlich aus dem

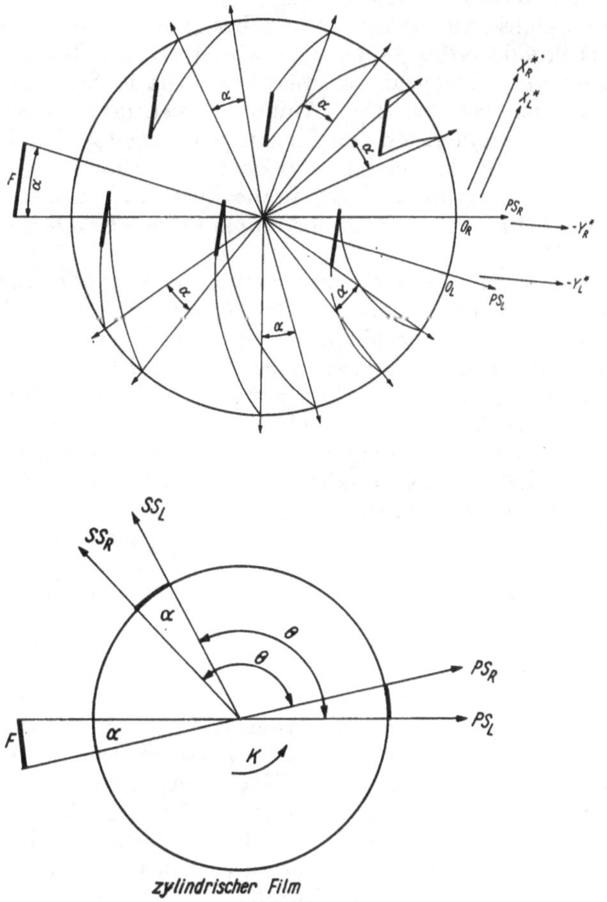

a) b)

Fig. 14. Erklärung für das Entstehen von Reflex-Strichen auf Konvergenzaufnahmen, bei denen während der Aufnahme der Kristall geschwenkt wird (nähere Beschreibung siehe Text)

Auftreten bzw. Nichtauftreten von Paaren symmetrischer Reflexe eine obere und eine untere Schranke für den Konvergenzwinkel anzugeben. Die Breite des kleinstmöglichen Intervalls ist dabei zugleich ein Maß für den Fehler der Bestimmung des Konvergenzwinkels.

Eine zweite Methode wird im folgenden beschrieben.

Der Kristall wird wie bisher von einem konvergenten Primärstrahlbündel mit dem Öffnungswinkel α bestrahlt, aber jetzt nicht in Ruhestellung belassen, sondern während der Aufnahme um die Achse des Goniometerkopfes (das ist gleichzeitig die Achse des Filmzylinders) um einen bestimmten Winkel hin- und hergedreht. Durch diese zusätzliche Schwenkung des Kristalls werden die bei ruhendem Kristall scharfen Reflexe zu Reflex-Strichen auf dem Film ausgezogen. Man kann sich diesen Effekt ohne Zuhilfenahme der Ewald-Konstruktion[1]) leicht mit Hilfe von Figur 14 erklären.

Der Kristall K dreht sich in Pfeilrichtung (Fig. 14b). Von dem Augenblick an, in dem eine Reflexionsebenenschar mit dem Bragg-Winkel Θ durch den Primärstrahl PS_L zum Sekundärreflex SS_L angeregt wird, bleibt der Reflex über den Winkelbereich α erhalten und erlischt erst, wenn er am Ort des Sekundärstrahles SS_R den Reflexionsbereich verläßt. Der Öffnungswinkel, den der Sekundärstrahl überstreicht, ist also genau gleich dem Konvergenzwinkel α. Die Länge des Reflexstriches auf dem Film hängt dann nur noch vom Filmdurchmesser ab. Aus der Länge eines Reflexstriches auf dem in die Ebene abgewickelten Film kann dann leicht auf den Öffnungswinkel α und damit auf den Konvergenzwinkel umgerechnet werden.[2])

Diese Überlegung gilt für jeden Sekundärreflex, der den vollen Öffnungswinkel α überstreicht. Diejenigen Reflexe, die am Rande des Schwenkbereiches nur einen Teil des Öffnungswinkels überstreichen, haben mehr oder weniger verkürzte Reflexstriche. Um den prozentualen Anteil solcher verkürzter Reflexstriche möglichst gering zu halten, wählt man zur Bestimmung des Konvergenzwinkels einen nicht zu kleinen Schwenkbereich. Durch Vermessung mehrerer Reflexstriche und Mittelwertbildung erhält man einen relativ genauen Wert für den Konvergenzwinkel. Dieses Verfahren ist unabhängig von speziellen Forderungen an den verwendeten Kristall.

4.6 Indizierung von Reflexen auf Konvergenzaufnahmen

Die Indizierung von Bragg-Reflexen auf Konvergenzaufnahmen ist im Prinzip nach dem Schema möglich, das in Figur 5 angegeben ist. Eine wesentliche Eigenart der Lage solcher Reflexe (Fig. 7) ist es, daß sie nicht alle gemeinsam auf einen punktförmigen Primärstrahl bezogen werden können, wie das zum Beispiel in der Schwenkaufnahme (Fig. 6) möglich ist. Jeder einzelne Reflex rührt vielmehr von einem anderen punktförmigen Flächenelement des strichförmig ausgedehnten Brennfleckes her, dessen Abbild in Fig. 7 als Primärstrahlstrich deutlich zu erkennen ist. Von welchem dieser Flächenelemente ein bestimmter Reflex erzeugt wird, ist nicht ohne weiteres zu erkennen. Die relative Lage der Reflexe auf einer KV-Aufnahme ist deshalb keine maßstabtreue Abbildung reziproker Größen auf den zylindrischen Film. Darum ist es im strengen Sinn, nicht möglich, für Konvergenzaufnahmen solche maßstabtreuen Abbildungs-Schemata anzugeben, wie sie für Schwenkaufnahmen in Form von Bernal-, Θ-, ϱ- oder $(90°\text{-}\Phi)$-Netzen (Henry, Lipson, Wooster) möglich und üblich sind. Die Lage der Null-Punkte dieser Netze auf einer Konvergenzaufnahme ist nicht definiert.

[1]) Die Veranschaulichung dieses Verfahrens ist selbstverständlich auch mit der Ewald-Konstruktion (Fig. 14a) möglich und führt zum gleichen Ergebnis.

[2]) Bei dieser Betrachtung wird gleichmäßige Röntgenintensität entlang dem Brennfleck der Röntgenröhre angenommen.

Aus diesem Grunde ist es auch nicht möglich, gleichindizierte Reflexe einer Schwenkaufnahme und einer Konvergenzaufnahme des gleichen Kristalls in gleicher Stellung durch Aufeinanderlegen der beiden Aufnahmen zur Deckung zu bringen. Das soll an Figur 15 nachgewiesen werden. In Figur 15 sind nur diejenigen acht reziproken Striche der in der Zeichenebene justierten Schicht (hk0)

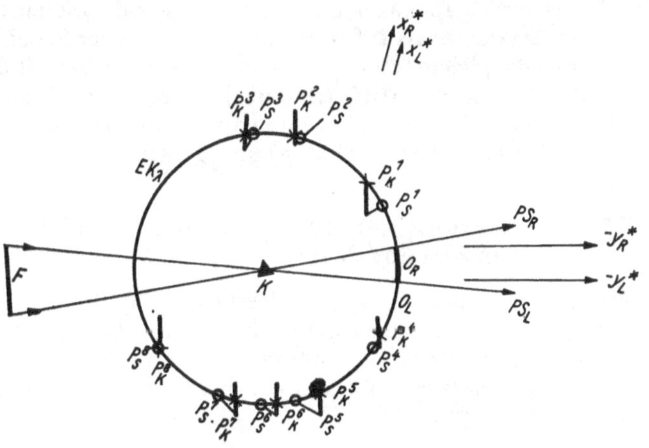

Fig. 15. Ewald-Konstruktion zur Deutung der Lage von Konvergenz-Reflexen einerseits und Schwenk-Reflexen andererseits auf einem zylindrischen Film (Erklärung siehe Text)

des Strichgitters der Figur 5 wiedergegeben, die die Ewald-Kugel schneiden und zu Reflexen auf einer KVA Veranlassung geben; das sind die 8 Striche mit den Indizes: (110), (230), (240), ($\bar{1}$00), ($\bar{2}$10), ($\bar{2}$20), ($\bar{2}$30), ($\bar{1}$50). Wir nehmen an, der in Figur 15 dargestellte Ewald-Kreis EK_λ falle zusammen mit dem Äquator des Filmzylinders. Die Kreuze $P_K^n(n = 1,2 \ldots\ldots 8)$ auf den reziproken Strichen sind dann Reflexe auf einem Konvergenzfilm. Die Punkte $P_S^n(n = 1,2\ldots 8)$ sind Reflexe auf einer Schwenkaufnahme mit Parallelstrahlausblendung mit PS_L als Primärstrahl und O_L als zugehörigem Primärstrahlfleck. Aus Figur 15 ist deutlich zu erkennen, daß zum Beispiel der Abstand der Reflexe P_k^1 und P_k^2 auf dem Konvergenzfilm verschieden ist vom Abstand der gleichindizierten Reflexe P_S^1 und P_S^2 auf dem Schwenkfilm. Ähnliches gilt für die Relativlage aller übrigen acht Reflexe. Die Relativlage gleichindizierter Konvergenz-Reflexe hängt von der Einstrahlrichtung des konvergenten Primärstrahles ab. Die Relativlage gleichindizierter Schwenk-Reflexe ist von der Einstrahlrichtung des parallelen Primärstrahles unabhängig.

Zur Indizierung von Konvergenzaufnahmen ist wie zur Indizierung von Schwenkaufnahmen die Einstrahlrichtung des Primärstrahls in das Kristallgitter zu bestimmen. Dazu kann man ähnlich vorgehen wie beim Schwenkverfahren. Man zeichnet zuerst ein punktförmiges, maßstabgerechtes reziprokes Gitter der zu indizierenden reziproken Ebene deutlich auf weißes Papier. Dann zeichnet man auf Transparentpapier den Ewald-Kreis EK_λ mit den Strahlen PS_L und PS_R sowie die Punkte O_L und O_R (Fig. 5 und 15). Auf dem Kreis EK_λ zeichnet man die aus dem KV-Film vermessenen Lagen der zu indizierenden Reflexe ein. Man heftet nun das Transparentpapier z. B. mit O_L im Ursprung des darunterliegenden reziproken Gitters fest und dreht es so lange, bis man mit Hilfe der eingezeichneten Reflexe eine oder mehrere Stellungen gefunden hat, die für die Einstrahlrichtung angenähert in Frage kommen. Zur Feineinstellung legt man ein zweites, auf Transparentpapier gezeichnetes reziprokes Gitter derselben Schicht mit dem Ursprung in O_R der darunterliegenden EK_λ und achtet darauf, daß die x^*- und y^*-Achsen des unteren und oberen Gitters in jeder Lage des mittleren Transparentpapiers zueinander parallel sind. Da der Konvergenzwinkel im allgemeinen kleiner als 10° sein und demzufolge der Strich O_LO_R klein sein wird, kann man die gleichindizierten Punkte beider Gitter mit dem Auge zu Strichen verbinden und so mit Hilfe der auf der EK_λ eingezeichneten Reflexpunkte die relativ genaue Lage der EK_λ im reziproken Gitter auffinden. Andere Indizierungsmethoden hat KRATKY (1931a) angegeben.

4.7 Integrierung von Bragg-Reflexen mit Hilfe des Konvergenz-Verfahrens

Zur Verbesserung der Genauigkeit bei der Messung von Reflexschwärzungen aus Beugungsaufnahmen für Zwecke der Strukturforschung hat man in den letzten Jahren in zunehmendem Maße sogenannte integrierte Bragg-Reflexe verwendet. Moderne kommerzielle Weißenberg-Kameras und Buergersche Präzessions-Kameras sind heute in der Regel mit Integrationsmechanismen ausgerüstet.

Die Integration beruht dabei überwiegend auf einer zweidimensionalen schrittweisen Überlagerung einzelner scharfer Reflexe, die im Ergebnis zum Aufbau eines Schwärzungsplateaus führt, in dessen Bereich die unterschiedlichen Schwärzungen im Gebiet eines Einzelreflexes als integriert betrachtet werden können. Bekannt ist das Verfahren nach WIEBENGA[1]). Nach diesem Verfahren wird z. B. ein Weißenbergfilm um r Rotationsschritte (um die Zylinderachse) und t Translationsschritte (in Richtung der Zylinderachse), insgesamt also um $r \cdot t$ Schritte in einem quadratähnlichen Gebiet verschoben. Erst wenn diese $r \cdot t$ Bewegungszyklen ausgeführt sind, ist ein voller Integrationszyklus beendet.

Im Prinzip kann die Konvergenzmethode zur Schwärzungs-Integrierung von Bragg-Reflexen verwendet werden[2]). Das läßt sich einfach anhand von Figur 14 zeigen. Jeder der Reflexstriche wird erzeugt durch Drehung des Kristalls von einem bis zum anderen Umkehrpunkt des Schwenkbereiches und gleichzeitiger Beleuchtung durch einen konvergenten Primärstrahl. Ein solcher Reflexstrich stellt also eine ideale eindimensionale Integration von unendlich dicht nebeneinanderliegenden Einzelreflexen dar. Beim Verfahren nach WIEBENGA (1946, 1947) wird diese eindimensionale Integration durch diskontinuierliches Aneinanderreihen einer Reihe von r Einzelreflexen erzeugt. Nimmt man an, die

[1]) Nach BUERGER geht die Integrierung von Röntgensekundärstrahlung durch Bewegen des Röntgenfilmes während der Aufnahme auf eine Anregung von Debye im Jahre 1941 zurück. Dieses Verfahren wurde von BRENTANO und FOULA auf Pulveraufnahmen, von WIEBENGA auf Weißenbergaufnahmen und von NORDMAN et al. auf Buerger-Präzessionsaufnahmen angewendet.

[2]) WIEBENGA und KROM haben diese Methode bereits beschrieben. AZAROFF hat sie in Verbindung mit einem Monochromator eingesetzt und speziell auf die Buerger-Präzessions-Kamera angewendet.

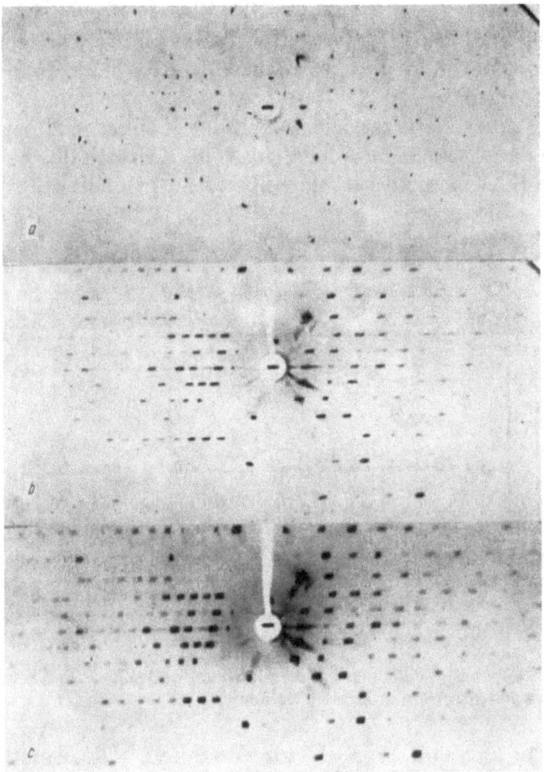

Fig. 16. a – Konvergenzaufnahme mit ruhendem Kristall. Es ergeben sich scharfe Reflexe
b – KV-Aufnahme mit während der Aufnahme schwenkendem Kristall. Es ergeben sich strichförmige Reflexe
c – KV-Aufnahme mit während der Aufnahme schwenkendem Kristall. Nach einer bestimmten Zahl von Schwenkzyklen wurde der Filmzylinder um einen kleinen Betrag in Richtung der Filmzylinder-Achse verschoben. Es ergeben sich flächenförmig integrierte Reflexe

Dauer für eine Schwenkung und die spezifische Primärstrahlintensität bei beiden Verfahren sei gleich, dann dauert diese eindimensionale Integration nach Wiebenga etwa r mal so lange als die Integration mit dem Konvergenz-Verfahren.

Flächenhaft integrierte Reflexe erzeugt man aus solchen Reflexstrichen dadurch, daß nach jedem Schwenken des Kristalls der Filmzylinder der Konvergenz-Kamera um einen kleinen Betrag in Richtung der Zylinderachse verschoben wird. Dementsprechend vereinfacht sich der Integrationsmechanismus.

In Figur 16a ist eine Konvergenzaufnahme mit ruhendem Kristall und scharfen Reflexen, in Figur 16b eine Konvergenzaufnahme mit schwenkendem Kristall und deshalb strichförmigen Reflexen dargestellt. Figur 16c zeigt flächenhaft integrierte Reflexe des gleichen Kristalls, sie wurden erzeugt durch schrittweise Translation des Filmzylinders in Richtung der Zylinderachse nach Vollendung einer bestimmten Zahl von Schwenkzyklen. Der Konvergenzwinkel wurde zur Erzeugung dieser Aufnahmen von 8° auf 4° verringert. In der praktischen Anwendung z. B. für Weißenberg-Aufnahmen kommt man sicherlich mit noch kleinerem Konvergenzwinkel aus. Die hier wiedergegebene Aufnahme nach Figur 16c mit flächenhaft integrierten Reflexen resultiert aus unseren ersten Versuchen mit dieser Methode und ist nicht das Ergebnis einer bereits ausgefeilten Aufnahmetechnik.

Bei der Erzeugung eines Reflexstriches nach der Konvergenzmethode gibt es keine Veränderung der Absorptionsverhältnisse im Kristall, das heißt auf jeden Punkt entlang eines Reflexstriches ist derselbe Absorptionsfaktor anzuwenden.

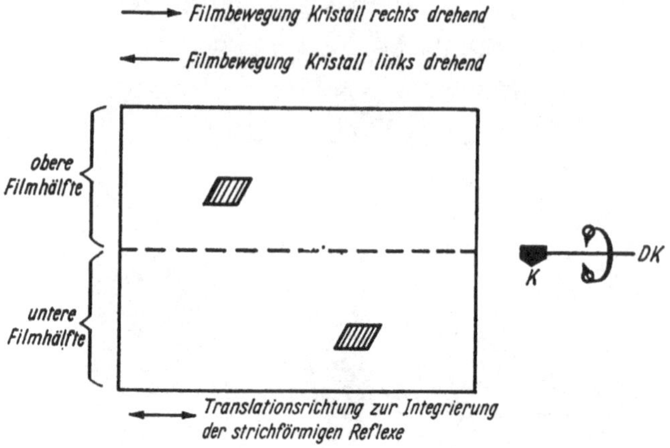

Fig. 17. Skizze eines Weißenbergfilmes mit rhombusförmigen Reflexen, die mit Hilfe der Konvergenz-Integrierung erzeugt werden

Das ist unter Verwendung von Figur 15 zu verstehen. Die Einstrahlrichtung *PS*, der Kristall *K* und die Reflexionsrichtung *SS* sind für eine Reflexionsnetzebenenschar ein in sich starres Gebilde, das von PS_L bis PS_R gedreht wird. Während dieser Drehung gibt es keine Änderung des Einfallswinkels in den Kristall und keine Änderung des Austrittswinkels aus dem Kristall. Das heißt der geometrische Verlauf des Röntgenstrahls im Kristall bleibt während der Erzeugung eines Reflexstriches für jede Stelle dieses Striches unverändert.

Eine geometrische Betrachtung der zu erwartenden Gestalt von konvergenzintegrierten Reflexen auf Weißenbergfilmen ergibt eine rhombusförmige Gestalt solcher Reflexe (Fig. 17).

Ein wesentlicher Einwand gegen die Integration von Bragg-Reflexen mit Konvergenz-Verfahren ist die mögliche Ungleichmäßigkeit der spezifischen Intensität entlang dem Brennfleck der Röntgenröhre. Denn gerade die örtliche und zeitliche Gleichmäßigkeit der Primärstrahlintensität ist eine wichtige Voraussetzung für eine wirksame Schwärzungsintegration. Das unmittelbar einleuchtende Argument, die Intensitätsverteilung entlang einem längeren Strichfokus sei praktisch immer ungleichmäßig, scheint uns jedoch nicht ganz ausreichend zu sein, um die in anderer Hinsicht leistungsfähige Konvergenzmethode a priori als für die Schwärzungsintegrierung ungeeignet zu betrachten.

5. Zusammenfassung

Das Konvergenz-Verfahren ist hocheffektiv für die experimentelle Röntgen-Kristalluntersuchung.

Es beschleunigt die häufig auftretenden Arbeitsgänge der Voruntersuchung, Auswahl und Justierung von Kristallen im Vergleich zu den bisher üblichen Verfahren auf das Mehrfache.

Es vereinfacht diese Arbeitsgänge, da die Bedienung einer Konvergenz-Kamera im Vergleich z. B. zur Schwenk-Kamera einfacher ist.

Es ermöglicht eine ökonomischere Auslastung der Röntgenanlagen, da die häufig unbenutzten Strichfokus-Fenster von 3- und 4-Fenster-Feinfokusröhren gleichzeitig mit den Punktfokusfenstern genutzt werden können.

Konvergenz-Kameras sind wegen ihres einfachen Aufbaues leicht, klein in den Abmessungen, wenig störanfällig und wartungsarm.

Das Konvergenz-Verfahren kann die bisher üblichen Verfahren zur Auswahl, Voruntersuchung und Justierung von Kristallen in praktisch allen Belangen ersetzen.

Literatur

AZAROFF, L. v.: Acta crystallogr. **10**, 413 (1957)
BRENTANO, J. C. M., FROULA, H.: Physic. Rev. **65**, 254 (1944)
BUERGER, M. J.: Crystal Structure Analysis, New York und London 1960, Seite 103
HENRY, N. F. M., LIPSON, H., WOOSTER, W. A.: The Interpretation of X-ray Diffraction Photographs, London 1960
KULPE, S.: Acta crystallogr. **16**, 837 (1963)
KULPE, S.: J. appl. Crystallogr. **1**, 286 (1968)
KULPE, S., KRETSCHMER, G.: Acta crystallogr. B 26, 583 (1970).
KULPE, S., SCHULZ, G.: Exp. Techn. Phys. **14**, 30 (1966)
KULPE, S., SCHULZ, B.: Wirtschaftspatent der DDR Nr. 79606
KULPE, S., DORNBERGER-SCHIFF, K.: Acta crystallogr. **18**, 812 (1965)
KRATKY, O.: Z. Kristallogr. **73**, 567 (1930)
KRATKY, O.: Z. Kristallogr. **76**, 261 (1931)a
KRATKY, O.: Z. Kristallogr. **76**, 517 (1931)b
KRATKY, O.: Z. Kristallogr. **82**, 152 (1932)
LAUE, M. v., FRIEDRICH, W., KNIPPING, P.: Ann. Physik **41**, 971 (1913)
NORDMAN, C. E., PATTERSON, A. L., WELDON, A. S., SUPPER, C. E.: Rev. Sci. Instr. **26**, 690 (1955)
SEEMANN, H.: Ann. Physik **53**, 461 (1917)
SEEMANN, H.: Physik. Z. 169 (1919)
WIEBENGA, E. H., KROM, C. J.: Rec. trav. chim. **65**, 663 (1946)
WIEBENGA, E. H.: Rec. trav. chim. **66**, 746 (1947)
WIEBENGA, E. H., SMITS, D. W.: Acta crystallogr. **3**, 265 (1950)

(Eingegangen am 25. Juni 1971)

Anschrift der Verfasser:

Dr. sc. S. KULPE
B. SCHULZ
Zentralinstitut für physikalische Chemie
der DAdW zu Berlin
1199 Berlin-Adlershof
Rudower Chaussee 6

Berichtigung

In Heft 6/1971, Seite K 121, 5. Zeile v. o. muß es heißen:
444 Seiten, anstatt 44 Seiten.

Kurze Originalmitteilungen

Kristall und Technik	7	4	1972	K 33 - K 38

Kurze Originalmitteilungen

I. N. VORONOV, Ch. I. MAKAEV, B. A. SACHAROV, I. M. TUMIN

Staatliches Forschungsinstitut für seltene Metalle, Moskau

Der Einfluß der Durchmischung einer Schmelze auf den effektiven Verteilungskoeffizienten der Verunreinigungen bei der Kristallzüchtung nach Czochralski

Die Frage der Verteilung von Verunreinigungen im Kristall, der unter Bedingungen des Transportes der Verunreinigungen allein durch Diffusion gezüchtet wurde, wird in Arbeiten von TILLER et al., SMITH et al. und LANDAU behandelt.

In der Arbeit von KULIK und SILBERMAN wird der Temperaturgradient betrachtet, der zur Thermodiffusion und zur Krümmung der Kristallisationsfront führt.

Der andere Grenzfall - die vollständige und augenblickliche Durchmischung der Schmelze - ist in einer Arbeit von PFANN dargelegt.

Das größte praktische Interesse gilt indessen dem kombinierten Fall der Verteilung der Verunreinigungen bei der Züchtung unter Bedingungen einer unvollständigen Durchmischung der Schmelze, wie er in einer Arbeit von BURTON, PRIM und SLICHTER betrachtet wird. Die Lösung der Aufgabe wird hier unter der Voraussetzung gefunden, daß die Durchmischung der Schmelze während des Kristallwachstums zum Auftreten von laminaren Strömungen führt. Bei einer solchen Durchmischung bildet sich an der Phasengrenze eine Grenzschicht von der Dicke b, in der der Transport der Verunreinigungen vom Kristallbarren in die Schmelze nur durch die Diffusion begrenzt wird. Außerhalb der Grenzen dieser Schicht ist die Konzentration der Verunreinigungen konstant. Dabei ergab sich folgende Formel für den effektiven Verteilungskoeffizienten:

$$K_{eff} = \frac{K^*}{K^* + (1-K^*)\ \exp\left(-\frac{\delta f}{D}\right)} \qquad (1)$$

K^* - Verteilungskoeffizient; er bestimmt das Verhältnis der Zusammensetzungen der sich im Kontakt befindlichen festen und flüssigen Phasen
f - Wachstumsgeschwindigkeit des Kristalls
D - Diffusionskoeffizient.

Die Größe K_{eff} ist eine ziemlich komplizierte Funktion der Wachstumsbedingungen und sollte in jedem Fall unter Beachtung der Prozeßbedingungen experimentell bestimmt werden. KIRGINZEV unterstreicht, daß K_{eff} ohne experimentelle Überprüfung keinesfalls als konstante Größe angesehen werden kann.

Eine Ursache für die Änderung von K_{eff} während des Wachstumsprozesses kann die Änderung der Durchmischungsbedingungen der Schmelze mit zunehmender Kristallgröße sein. Möglicherweise kann man auf der Grundlage der Gleichung für die konvektive Diffusion eine vollständige Beschreibung der Verteilung der

Verunreinigungen im wachsenden Kristall erhalten. Um eine Gleichung zu gewinnen, die die Verteilung der Verunreinigungen über die Kristallänge beschreibt, kann man die Gleichung der konvektiven Diffusion über den Kristallradius integrieren:

$$\int_0^{R_K} \frac{\partial c}{\partial t} + V_y \frac{\partial c}{\partial y} + V_2 \frac{\partial c}{\partial r} - D \left(\frac{\partial^2 c}{\partial r^2} + \frac{1}{2} \frac{\partial c}{\partial r} + \frac{\partial^2 c}{\partial_4^2} \right) r \, dr = 0 \qquad (2)$$

$C(t, y, r)$ - Konzentration der Verunreinigungen in der Schmelze
R_K - Kristallradius
V_y, V_2 - axiale und radiale Komponente der Strömungsgeschwindigkeit in der Schmelze

Im allgemeinen Fall ist diese Gleichung eine Integral–Differential-Gleichung. In dem Sonderfall, wenn die Konzentration über den Kristallradius r konstant ist, kann man sie in eine eindimensionale Gleichung der konvektiven Diffusion überführen, deren Lösung gestattet, Formel (1) zu finden.

Als Mittelwert der Konzentration über den Kristallquerschnitt führen wir folgenden Ausdruck ein:

$$\bar{c}(t, y) = \frac{2}{R_K^2} \int_0^{R_K} c(t, y, r) \, rdr \qquad (3)$$

Dann erhalten wir bei Anwendung der partiellen Integration und des Theorems von der Differentiation unter dem Integral (IGLIZYNA) und unter der Vereinfachung, daß die resultierende Strömung der Verunreinigungen durch die zylindrische Oberfläche $r=R_K$ der Größe $\bar{c}$ proportional ist, d. h. bei

$$\frac{2}{R_K} \left\{ D \frac{\partial c}{\partial r} - v_r c \right\} \quad \text{bei } r = R_K = 4_1(t) \, \bar{c}$$

die Gleichung

$$\frac{\partial \bar{c}}{\partial t} + v_y \cdot \frac{\partial \bar{c}}{\partial y} = D \frac{\partial^2 \bar{c}}{\partial y^2} + 4(t) \, \bar{c} \qquad (4)$$

Die Größe 4(t) wird durch die Durchmischung der Schmelze in der Nähe der Kristallisationsfront bestimmt.

Die Randbedingungen werden dadurch gegeben, daß die resultierende Strömung der Verunreinigungen zur Phasengrenze und von ihr weg gleich Null ist und daß außerhalb der Grenzen der Diffusionsschicht die Konzentration in der Schmelze nur eine Funktion der Zeit t ist, d. h.

$$\left[\bar{c}(t, 0) - \gamma c_s(t) \right] f + D \frac{\partial \bar{c}}{\partial y} = 0; \quad y = 0 \qquad (5)$$

$$\bar{c}(t, \delta) = c_L(t); \quad y = \delta \qquad (6)$$

mit

$c_s(t)$ - Konzentration der Verunreinigungen in der festen Phase
$c_L(t)$ - Konzentration der Verunreinigungen in der Schmelze
γ - Verhältnis der Dichte der festen Phase zur flüssigen.

Die Anfangsbedingungen lauten offensichtlich

$$\bar{c}(t, 0) = c_L(0), \qquad t = 0 \tag{7}$$

Die Größen $c_s(t)$ und $\bar{c}(t, 0)$ sind durch den Verteilungskoeffizienten der Verunreinigungen an der Phasengrenze durch das Verhältnis

$$\frac{c_s(t)}{\bar{c}(t, 0)} = K^* \tag{8}$$

miteinander verbunden.

Der effektive Verteilungskoeffizient wird durch das Verhältnis

$$\frac{c_s(t)}{c_L(t)} = K_{eff} \tag{9}$$

definiert.

Das Diagramm der Verteilung der Verunreinigungen über die Kristallänge kann in drei Abschnitte unterteilt werden. Im ersten Abschnitt ändert sich die Konzentration bis zur Einstellung eines stationären Zustandes. Die Einstellung des Konzentrationsgleichgewichtes benötigt eine Zeitspanne von der Größenordnung δ^2/D (nach IGLICYNA). Für solche Verunreinigungen wie Bor und Phosphor in Silicium beträgt diese ungefähr eine Sekunde. In diesem Fall ist nur die stationäre Gleichung (4) von praktischem Interesse, die den zweiten Abschnitt des Diagramms beschreibt. Im dritten Abschnitt geht ein Abbau des stabilen Prozesses vor sich. Für diesen Abschnitt müssen die Randbedingungen unter Beachtung der Endabmessungen des Systems Kristall-Schmelze-Tiegel beschrieben werden. Diese Aufgabe wird von MESHANOV und ANIKIN behandelt. Praktisches Interesse besteht jedoch nur für den mittleren Teil des Kristalles.

Die Lösung der stationären Aufgabe mit den Randbedingungen (5) und (6) lautet folgendermaßen

$$\bar{c}(t, y) = (a e^{\alpha_1 y} + b e^{-\alpha_1 y})\, e^{\alpha y} \tag{10}$$

wobei

$$\alpha_1(t) = \sqrt{\frac{4(t)}{\partial} - \alpha 2}, \qquad \alpha = -\frac{f}{2\partial}.$$

Hieraus kann man unter Verwendung der Beziehungen (8) und (9) einen Ausdruck für den effektiven Verteilungskoeffizienten erhalten

$$K_{eff} = \frac{2 K^* \quad \alpha_1 \exp(-\alpha\delta)}{\left[(0,5 - \gamma K^*)\frac{f}{D} + \alpha_1 \quad \exp(-\alpha_1\delta) - \left[(0,5 - \gamma K^*)\frac{f}{D} - \alpha_1\right] \exp(\alpha_1\delta)} \tag{11}$$

Im Sonderfall 4(t) = 0 wird $\alpha_1 = \alpha$ und der Ausdruck für K_{eff} verwandelt sich in Formel (1).

Allgemein gesehen kann sich die Größe α_1 während des Prozesses auf Grund der Änderung der Durchmischungsbedingungen der Schmelze bei Verringerung ihrer Tiefe ändern. Das kann eine Ursache für die Änderung von K_{eff} über die Kristallänge sein.

Auf der Grundlage experimenteller Daten kann man K_{eff} für verschiedene Stadien des Kristallwachstums bestimmen.

Betrachten wir die Gleichung des Gleichgewichts der Verunreinigungen bei der Kristallisation eines elementaren Volumens dV

$$c_L(V_o - V) = \gamma c_s dV + (c_L + dc_L)(V_o - V - dV) \tag{12}$$

mit

V_o - Anfangsvolumen der Schmelze
V^o - auskristallisiertes Volumen der Schmelze.

Setzt man voraus, daß K_{eff} keine konstante Größe ist, so kann man aus Gleichung (12) eine Differentialgleichung für diese Größe erhalten

$$\frac{K^1_{eff}}{K^2_{eff}} + \left(\frac{1}{1-g} - \frac{c'_s}{c_s}\right)\frac{1}{K_{eff}} = \frac{\gamma}{1-g}\ , \tag{13}$$

wobei $g = \frac{V}{V_o}$ ist.

Die Anfangsbedingungen für diese Gleichung lauten

$$K_{eff}(0) = \frac{c_s(0)}{c_L(0)} \tag{14}$$

Als Lösung von (13) und (14) ergibt sich

$$K_{eff}(g) = \frac{(1-g)c_s(g)}{c_L(0) + \gamma[\varphi(0) - \varphi(g)]} \tag{15}$$

$$\text{wobei } \varphi(g) = \int c_s(g)dg \text{ ist.} \tag{16}$$

Gleichung (15) gestattet es, die Funktion $K_{eff}(g)$ mit Hilfe der experimentellen Werte $c_s(g)$ und $c_L(0)$ zu finden.

Unter realen Züchtungsbedingungen nach der Czochralski-Methode müssen unbedingt solche Faktoren wie Verdampfung der Verunreinigungen über der freien Oberfläche der Schmelze sowie Verunreinigung der Schmelze durch das Tiegelmaterial beachtet werden. Bezeichnen wir die Menge der verdampfenden Verunreinigungen in der Zeit dt mit

$$N_{verd.} = K_{verd.} S_{verd} c_L dt \tag{17}$$

mit

N_{verd} - Verdampfungskoeffizient
S_{verd} - Freie Oberfläche der Schmelze,
und die Menge der Verunreinigungen aus dem Tiegel mit

$$N_T = n_T S_T dt \tag{18}$$

mit

n_T - Geschwindigkeit der Verunreinigung der Schmelze
S_T - Kontaktoberfläche Schmelze-Tiegel,

so ergibt die Lösung der Gleichung (12) unter Beachtung dieser Faktoren einen Ausdruck, der die Verteilung der Verunreinigungen über die Kristallänge unter Berücksichtigung des veränderlichen effektiven Verteilungskoeffizienten beschreibt

$$c_s(g) = K_{eff}\left\{c_L(0) + \int_0^g \left[\frac{n_T}{fs}\left(\frac{2V_o}{R_2} + \frac{\chi R_2^2}{1-g}\right) \exp \int_0^g \frac{\gamma K_{eff} + \frac{K_{verd} S_{verd}}{f\,s} - 1}{1-g}\, dy\right] .\right.$$

$$\left. dg \right\} \exp \int_0^g \frac{1- \gamma K_{eff} - \frac{K_{verd} S_{verd}}{f.\,s}}{1-g}\, dg \qquad (19$$

R_2 - Radius des zylindrischen Tiegels
s^2 - Querschnitt des Kristalls
r - Wachstumsgeschwindigkeit des Kristalls.

Dieser Ausdruck ist ausreichend allgemein für die Beschreibung der Verteilung der Verunreinigungen über die Kristallänge. Im Sonderfall K_{eff}=const geht er in den von SACHAROV und Mitarbeitern gefundenen Ausdruck über.

LITERATUR

BURTON, J.A., PRIM, R.C., SLICHTER, W.P.: J.Chem.Physics 21, (11) (1953)
IGLICYNA, M.J. (ed.): Technologie der Halbleitermaterialien, Moskau 1961
KIRGINZEV, A.N.: Fiz.Met.Metalloved. 24 (2) (1967)
KULIK, J.O., SILBERMAN, G.E.: Kristallografija 4, (4) (1959)
LANDAU, A.J.: in Kristallwachstum, Bd. 1, Moskau 1957
MESHANOV, J.A., ANIKIN, A.G.: Kristallografija 14, (1) (1969)
PFANN, W.Y.: Trans.AIME 194, (1952)
SACHAROV, B.A., VORONOV, J.N., TUMIN, J.M.: Izv.Akad.Nauk SSSR, Neorg.Materialy 1, (2) (1965)
SMITH, V.J., TILLER, W.A., RUTTER, J.W.: Canad.J. Physics 33, (12) (1955)

TILLER, W.A., JACKSON, K.A., RUTTER, J.W., CHALMERS, B.: Acta metallurg. 1, (4) (1953)

(Eingegangen am 27. November 1971)

Anschrift des Verfassers:

Dr. I.N. VORONOV
Prof. B.A. SACHAROV
Dr. Ch.I. MAKEJEV
Dr. T.M. TUMIN
Staatliches Forschungsinstitut für seltene Metalle "Giredmet"
Moskau
B. Tolmachevskij, 5

Kristall und Technik	7	4	1972	K 39 - K 41

L. MARCULESCU, C. GHITA

Institute of Physics, Bucharest

Data Concerning the Growth and Some Optical Properties of $NaReO_4$, K_2ReCl_6, NH_4ReO_4 Single Crystals

The interesting features of rhenium and its salts stimulated the present study on the growth conditions of $NaReO_4$, K_2ReCl_6 and NH_4ReO_4 single crystals. The structure and the physical properties of the three compounds advise on a method of growing from a melt (PLOVNICK, SCHMIDT) or on the growth from aqueous solution (MORROW).

When only small amounts of the starting material are available, it is to be preferred to make use of the growing technique from solution which enables an easy recovering of the substance. We used a growth method at constant volume and decreasing temperature.

In the first stage we studied the solubility as a function of temperature between 10°C and 50°C by rising temperature by small steps. The solubility curves for three compounds are represented in Figure 1.

Thus we succeeded to obtain crystals having dimensions of about 2 mm. For $NaReO_4$, which is the most soluble, we used a solvent-nonsolvent mixture (water-ethyl alcohol 5 % : 95 %) to ensure a good thermic stability. This was realised by a large volume. The thermostat was protected against vibrations and shocks.

The temperature range for the growing process was 45°C - 25°C in about 40 days.

The solutions introduced in the thermostats were kept at constant temperature of 45°C during 40 - 50 hours to prevent a sudden change of the ratio solvent-solute, caused by eventual evaporations. Then, the temperature was decreased with a gradient following the stability curve.

The $NaReO_4$ and NH_4ReO_4 single crystals obtained in this manner, were transparent, uncoloured; K_2ReCl_6 is green-coloured and shows absorption in ultraviolet and visible.

The spectra of all three crystals were measured with a spectrophotometer Unicam SP 700 (Fig. 2). The optical density in ultraviolet was too great to permit the study of the absorption band in the 50. 000 - 25. 000 cm^{-1} region for K_2ReCl_6. Reflexion spectra have to be performed in this case.

$NaReO_4$, NH_4ReO_4 crystallise in the tetragonal system. The NH_4ReO_4 single crystals had dimensions of about 7 x 5 x 5 mm and were utilised for studying the radiation damage in the solid state, change of valency, etc.

The authors wish to thank Prof. M. Giurgea and Mr. G. Hlevca for valuable discussions.

REFERENCES

MORROW, J.C.: Acta crystallogr. 13, 443 (1960)
PLOVNICK, R.H., SCHMIDT, G.E.: J. Crystal Growth 8, 309 (1971)

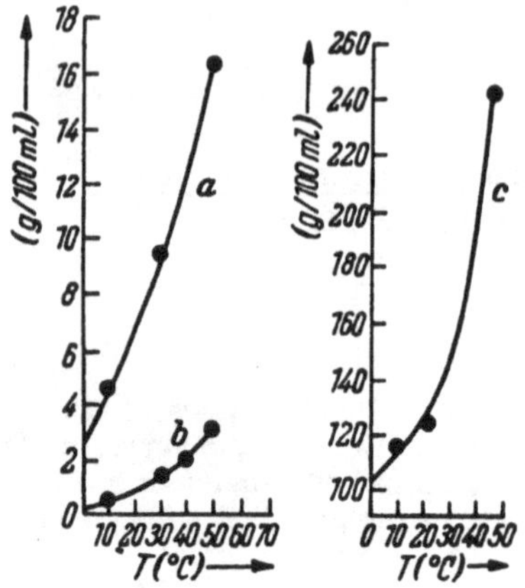

Fig. 1. The solubility curves for a - NH_4ReO_4; b - K_2ReCl_6; c - $NaReO_4$ in water

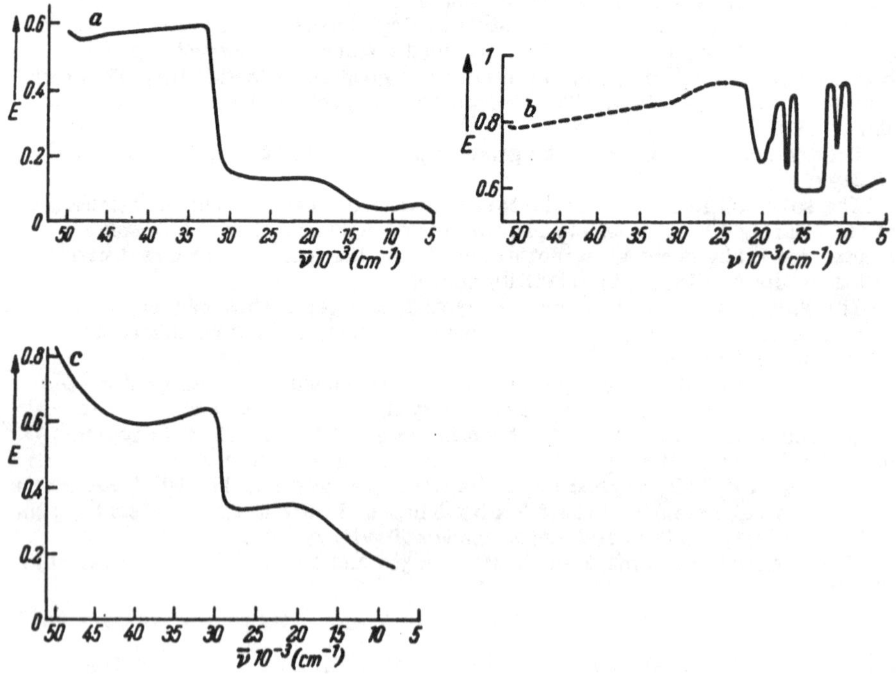

Fig. 2. Spectra of NH_4ReO_4 (2a.); K_2ReCl_6 (2b.); $NaReO_4$ (2c.) single crystals

Authors' address:

L. MARCULESCU, C. GHITA .
Institute of Physics
Bd. Pacii 222, Bucureşti, s. 7, ROMANIA

Kristall und Technik	7	4	1972	K 43 - K 44

Buchbesprechung

F.C. PHILLIPS

An introduction to crystallography, 4. Auflage
351 Seiten, 537 Figuren, einem allgemeinen und einem Formelindex;
Edinburgh 1971, Oliver & Boyd, 2.25 £ (broschiert)

Die 1. Auflage des Buches geht bereits auf das Jahr 1946 zurück; zwischen den einzelnen Auflagen wurden mehrmals Nachdrucke ausgeführt.

Im wesentlichen handelt es sich um eine Einführung in die klassische Kristallographie die häufig - wenn auch nicht sehr glücklich - als "geometrische" Kristallographie bezeichnet wird; die vorliegende Einführung hält sich jedoch ausschließlich an das geometrische Konzept. Das Buch gliedert sich in zwei große Teile, die mit 230 Seiten der äußeren Symmetrie und mit 80 Seiten der Symmetrie des inneren Aufbaus der Kristalle gewidmet sind, woran das Schwergewicht deutlich zu erkennen ist. Der Aufbau folgt in konventioneller Weise der historischen Entwicklung. Freudig überrascht stellt man dabei fest, daß zu den im Text erwähnten Forschern in Fußnoten recht vollständige biographische Notizen gegeben werden. Da man andererseits über den allgemeinen Sachindex anhand der Namen Zugang zur Seitenzahl mit den genannten Notizen findet, wird implizit gleich ein Abriß der Geschichte der Kristallographie mitgeliefert. Entsprechend dem geometrischen Konzept werden zuerst die Begriffe der Symmetrie, die Symmetrieelemente und die Kristallsysteme behandelt. Dem Gesetz der Winkelkonstanz und der Goniometrie folgen die Projektionen und die Beschreibung mittels Indizes. Als besonders wertvoll verdient hervorgehoben zu werden, daß nicht nur die Sachverhalte und Zusammenhänge dargestellt, sondern auch die konkreten geometrischen Aufgaben und Konstruktionen explizit ausgeführt werden. Ausführlich wird das exakte Zeichnen der verschiedenen Kristallpolyeder, z.B. auch auf der Grundlage einer Projektion, behandelt. Bei den Kristallklassen werden zunächst die Holoedrien der einzelnen Kristallsysteme und dann die weiteren Klassen eingeführt. Die allgemeinen und speziellen Formen in den Klassen sowie die Bestimmung der Kristallklassen aus morphologischen Daten werden ausführlich behandelt. Die Zwillinge werden nicht nur vorgestellt, sondern auch ihre Handhabung in Projektionen anwendungsfertig erläutert. Schließlich folgen noch Darstellungen von kristallographischen Berechnungen auf der Grundlage der sphärischen Trigonometrie und die Behandlung der kristallographischen Grundgesetze. Der ganze erste Teil ist nicht nur didaktisch folgerichtig und lückenlos, sondern kann eine einem Handbuch gemäße Gültigkeit beanspruchen. - Bedingt durch die absolute Beschränkung auf das geometrische Konzept werden nirgends Vektoren benutzt oder ihre Existenz angedeutet. Das wird dem "Einzuführenden" den Zugang zur Kristallphysik erschweren. Ein schwerwiegenderer Nachteil ist jedoch, daß die Gruppentheorie bzw. jeder Anklang an gruppentheoretische Gedankengänge völlig ausgespart blieben, so daß eine Übersicht über das Phänomen "Symmetrie" nicht eröffnet werden kann.

Dieser Mangel macht sich im zweiten Teil bei der Bewältigung der Raumgruppen stärker bemerkbar. Sie werden, gleich den Bråvais-Gittern, in geometrisch-schematischer Weise zusammengestellt. Sehr instruktiv sind die zugehörigen Erläuterungen und Skizzen, wobei die didaktische Sorgfalt vor allem bei den trigonalen und hexagonalen Raumgruppen vorteilhaft auffällt, während die kubischen Raumgruppen recht kurz wegkommen. Es folgt ein kurzer Abschnitt über die Grundlagen der Röntgenbeugung, der bis zu den Auslöschungsregeln und der darauf basierenden Bestimmung von Symmetrieelementen und Raumgruppen reicht. Allerdings werden weder das reziproke Gitter noch die Ewaldsche Konstruktion eingeführt.

Ein besonderer Abschnitt wird schließlich dem Zusammenhang zwischen der Struktur und dem Habitus gewidmet. Das heißt, es wird systematisch der Begriff des durch die Raumgruppe bestimmten "morphologischen Aspektes" entwickelt. Somit wird der Kreis zur morphologischen Erscheinungswelt der Kristalle wieder geschlossen.

J. BOHM

Kristall und Technik	7	4	1972	K 45 - K 46

Buchbesprechung

K. M. BOWKETT, D. A. SMITH

Field-Ion Microscopy
North-Holland Publishing Company - Amsterdam, London 1970
Preis Hfl. 54. 00; $ ~15. 75

Die vorliegende Monographie über Feldionenmikroskopie bildet Band 2 der von S. Amelinckx, G. Gevers, J. Nihoul herausgegebenen Reihe 'Defects in Crystalline Solids'; die Verfasser sind an den Metallurgy Departments der Universitäten Cambridge bzw. Oxford tätig. Daher liegt der Schwerpunkt der Darstellung auf der Untersuchung von Fehlordnungsphänomenen mit Hilfe des Feldionenmikroskopes (FIM), einem Arbeitsgebiet, das sich seit dem mit großen Beifall aufgenommenen Vortrag von E. W. Müller auf dem Internationalen Elektronenmikroskopiekongreß in Berlin 1958 mit eindrucksvollen Aufnahmen von Defekten in Platin sehr stark entwickelt hat und zu dem auch die Verfasser eine Reihe von Arbeiten beigetragen haben.

K. M. BOWKETT und D. A. SMITH haben ihrem Buch zwei einleitende Kapitel über Prinzipien und praktische Aspekte der Feldionenmikroskopie vorangestellt. Auf 65 Seiten wird eine Einführung in die Grundlagen der Bildentstehung und zu praktischen Fragen der experimentellen Technik gegeben. Dabei wird auch näher auf die Feldverdampfung eingegangen, die sich als außergewöhnlich wirksames und für die FIM-Technik charakteristisches Hilfsmittel zur Identifizierung der Defektstrukturen erwiesen hat. Das folgende Kapitel 3 über Artefakte ergänzt die voranstehenden Abschnitte und dürfte eine willkommene Zusammenstellung für die praktische Einarbeitung in die FIM-Technik sein.

Die folgenden 130 Seiten sind dem Hauptanliegen des Buches gewidmet, nämlich den Punktdefekten (Kap. 4), den eindimensionalen (Line Defects, Kap. 5), zweidimensionalen (Interfaces, Kap. 6) und dreidimensionalen Defekten (Kap. 7). Im Kap. 8, Surface Studies, werden außer den durch Teilchenbeschuß hervorgerufenen Störungen auch Gas-Oberflächenreaktionen (mit O_2, C, N_2 und H_2) sowie Adsorptions- und Oberflächendiffusionsprozesse besprochen. Kap. 9 beschließt die Monographie mit Untersuchungen über Legierungen. Im Anhang werden noch die Anwendung der Computer-Technik auf FIM-Bilder sowie Hilfsmittel zur Präparation von Emitterspitzen und für die Identifizierung der erhaltenen Bilder zusammengestellt.

Die Verfasser geben im Vorwort als Ziel des Buches an, die möglichen und verwirklichten Anwendungen des Feldionenmikroskopes sowie die Grenzen dieser Technik darzustellen und einem potentiellen Benutzer als Leitfaden sowie einem aktiven Anwender als Nachschlagewerk zu dienen. Die Erreichung dieses Zieles ist den Verfassern wie dem Verlag zweifellos zu bescheinigen. Hervorzuheben sind die zahlreichen Skizzen zur Verdeutlichung der verschiedenartigen Defekte und ihrer Ausprägung im mikroskopischen Bild sowie vor allem die sehr reichhaltige Ausstattung mit FIM-Abbildungen hervorragender Qualität. Die besprochenen Gitterfehler werden durch Bildbeispiele in oft außergewöhnlich eindrucksvoller Darstellung erläutert; verschiedentlich sind auch Feldverdampfungsfolgen wiedergegeben, die den räumlichen Verlauf der Gitterdefekte erkennen lassen. Die Verfasser beurteilen dabei im vorliegenden Werk die Identifizierung der auftretenden

Fehlordnungen durchaus kritisch und skizzieren insbesondere im Kap. 5 eine Theorie des Bildkontrastes oder besser der Ausprägung der Defektstrukturen im FIM. Für einen mit der Beschreibung von Gitterfehlern weniger vertrauten Leser würden einige zusätzliche Skizzen mit den benutzten Größen sicherlich ein schnelleres Einlesen ermöglichen. Gelegentlich vermißt man eine ausführlichere bzw. überhaupt eine Erläuterung der benutzten Größen (S. 9, F_1, F_2; S. 22 F_I).

Das Buch ist als eine recht gelungene Monographie über ein Wissensgebiet anzusprechen, das sich zur Zeit in einer bemerkenswerten Entwicklung befindet.

Ch. KLEINT

Kristall und Technik	7	4	1972	K 47

Buchbesprechung

Erwin W. MÜLLER und TIEN TZOU TSONG

Field Ion Microscopy
American Elsevier Publishing Company, Inc., New York 1969
Preis Dfl. 98.00; $ ~ 29.00

Die durch die Feldionenmikroskopie gegebene Möglichkeit der Sichtbarmachung atomarer Strukturen wird seit mehr als einem Jahrzehnt in großer Breite genutzt und gewinnt zunehmend an Bedeutung. Typische Anwendungsgebiete sind die Oberflächenphysik, die Oberflächenchemie und die Werkstofforschung; neuerdings wird die Feldionenmikroskopie auch in der Molekularbiologie eingesetzt. In vorliegendem Buch gibt Erwin W. MÜLLER, der Erfinder des Feldionenmikroskops (1951), zusammen mit seinem Mitarbeiter TIEN TZOU TSONG, eine ausgezeichnete Beschreibung des gesamten Gebietes, wobei auch die zur Analyse einzelner Atome geeignete moderne Technik der Atomsonden-Feldionenmikroskopie (E. W. MÜLLER, 1967), ausführlich erläutert wird. Grundlage dieser Technik ist bekanntlich die Kombination des Feldionenmikroskops mit einem hochempfindlichen Massenspektrometer.

Das Buch ist sehr übersichtlich in die folgenden Kapitel gegliedert: 1) Grundlagen der Feldionenmikroskopie, 2) Feldionisation, 3) Feldverdampfung, 4) Geräte- und Betriebstechnik, 5) Beobachtungstechnik, 6) Bildinterpretation und 7) Anwendungen. Innerhalb der Grundlagen werden vor allem die historische Entwicklung des Gebietes und die wesentlichsten Prinzipien der Feldionenmikroskopie behandelt. Die Beschreibung der Feldionisation führt zur Abschätzung des Feldionenstromes und des Auflösungsvermögens des Feldionenmikroskops. Im 3. Kapitel wird besonders der Zusammenhang zwischen Feldverdampfung und Oberflächenstruktur (Feldverdampfungs-Endform) hervorgehoben. Die Behandlung der Gerätetechnik betrifft nicht nur die konventionellen Feldmikroskope, sondern auch das Felddesorptionsmikroskop und das Feldionen-Schattenprojektions-Mikroskop. Fragen der Bildverstärkung und der zur Abbildung benutzten Gase spielen in der Beobachtungstechnik eine besondere Rolle. Im Rahmen der Bildinterpretation werden Feldionenbilder reiner Metalle und Feldionenbilder von Legierungen beschrieben, wobei auch auf die Möglichkeiten der Computer-Simulation von Feldionenbildern hingewiesen wird. Besonders ausführlich wird die anwendungstechnische Seite behandelt, wobei neben Fragen der Erfassung der Oberflächenbindungsenergie, der Oberflächendiffusion und der Adsorption und Korrosion vor allem der Einfluß von Gitterdefekten (Punktdefekte, Versetzungen, Planardefekte) erläutert wird.

Der klar verständliche, exakt formulierte Text wird durch eine große Zahl ausgezeichneter Bildbeispiele anschaulich erläutert und durch detaillierte Literaturhinweise ergänzt. Das Buch ist für Studenten der Naturwissenschaften und der Technik ebenso geeignet wie für den forschenden Wissenschaftler; es kann für einen Überblick über das Gebiet gleichermaßen genutzt werden wie für die Suche nach detaillierten Informationen über die Technik und über deren Anwendungsmöglichkeiten. Das den neuesten Stand dieser Technik (z. B. vergleichende Untersuchungen mit Feldionenmikroskopie und Beugung langsamer Elektronen) vermittelnde Buch kann allen Interessenten bestens empfohlen werden.

J. HEYDENREICH

Kristall und Technik	7	4	1972	K 49 - K 50

Buchbesprechung

R.W. CAHN (ed.)

Physical Metallurgy
Second revised edition
North Holland Publishing Comp. Amsterdam - London 1970
Format 18 x 25 cm, Hfl. 160.00; $ ~47.00

Es wird von allen Interessenten begrüßt werden, daß der "CAHN" nun in neuer, erweiterter Auflage wieder greifbar ist. Gegenüber der 1. Auflage, die 1965 erschienen war, ist der Umfang um rund 20 % gewachsen, so daß der Band jetzt 1333 Seiten umfaßt. Die Autoren der 22 Kapitel sind bis auf eine Ausnahme die gleichen geblieben, haben aber fast alle ihre Ausführungen den in der Zwischenzeit erzielten Fortschritten angepaßt und teilweise die Möglichkeit benutzt, um die Darstellung zu verbessern. Zudem wurde der Umfang des Sachverzeichnisses verdoppelt (auf 20 Seiten). Hinzugekommen ist ein Kapitel über Physical Metallurgy of Steels, das als willkommene und wertvolle Bereicherung des Werkes anzusehen ist. Fast ganz neu geschrieben ist das Kapitel über Mechanical Properties of Two-Phase Alloys, außerdem haben die neuen Autoren des Kapitels Microstructures eine vollständige Neufassung vorgelegt.

Da die erste Auflage dieses Werkes nicht in dieser Zeitschrift besprochen worden ist, sei die Anlage dieses Standardwerkes kurz durch Angabe der Grobgliederung gekennzeichnet: R. F. MEHL, The Historical Development of Physical Metallurgy (31 Seiten); H.W. KING, Structure of the Pure Metals (37); D.F. GIBBONS, Electron Theory of Metals (87); T.B. MASSALSKI, Structure of Solid Solutions (70); J.H. WERNICK, Structure and Properties of Some Intermediate Phases (52); P.G. SHEWMON, Metallurgical Thermodynamics (27); G.B. RAYNOR, Phase Diagrams and Their Determination (73); P.G. SHEWMON, Diffusion (19); W.A. TILLER, Solidification (67); J.W. CHRISTIAN, Phase Transformations (117); E. HORNBOGEN, Physical Metallurgy of Steels (65); W.D. BIGGS, Elements of Metallography (50); H.J. RACK and R.W. NEWMAN, Microstructures (82); D. KUHLMANN-WILSDORF, Dislocations (70); J.-I. TAKAMURA, Point Defects (63); J. WEERTMAN and J.R. WEERTMAN, Mechanical Properties, mildly Temperature-Dependent (61), ebd., Mechanical Properties, Strongly Temperature-Dependent (28); P. HAASEN, Mechanical Properties of Solid Solutions and Intermetallic Compounds (71); G.S. ANSELL, Mechanical Properties of Two-Phase Alloys (46); R.W. CAHN, Recovery and Recrystallization (69); W.D. BRIGGS, Fracture (34); K. HOSELITZ, Magnetic Properties (39); O. DIMITROV and C. FROIS, Properties of superpure Metals.

Nach dem Vorwort (zur 1. Auflage) ist das Buch für Studenten höherer Semester und teilweise auch für auf dem betreffenden Gebiet Arbeitende gedacht. Schon durch diese Feststellung wird auf eine gewisse Ungleichmäßigkeit in der Darstellungsweise der einzelnen Kapitel hingewiesen, die sich indes bei einem großen Kollektiv anerkannter Autoren kaum vermeiden lassen dürfte. Andererseits ist es natürlich heute ausgeschlossen, daß ein Einzelner das Gesamtgebiet auf dem angedeuteten Niveau darstellen könnte. Man muß sich also mit den daraus folgenden Konsequenzen abfinden, dies gilt auch für die Stoffauswahl. Wenn es dem Referenten auch nicht sinnvoll erscheint, darüber lange Diskussionen zu führen, da letzthin immer die persönliche Einstellung der Verantwortlichen ausschlaggebend sein wird, so möchte er doch erwähnen, daß er trotz seines besonderen Interesses für mechanische Eigenschaften den Eindruck hat, diesen gegenüber seien die nichtmechanischen etwas zu kurz gekommen. Eine gewisse Unterschiedlichkeit zwischen den einzelnen Kapiteln zeigt sich auch hinsichtlich des Umfangs der jeweils am Ende zusammengestellten Literatur, insbesondere in bezug auf die neuesten Arbeiten sowie ihre Verarbeitung im Text.

Diese kleinen, kaum vermeidbaren Mängel sind aber völlig zu vernachlässigen gegenüber dem Gewinn, den jeder Benutzer dieser ausgezeichneten Gesamtdarstellung der Metallphysik auf gehobenem Niveau aus ihr ziehen wird, zumal auch die Ausstattung hervorragend ist.

Für eine sicher bald notwendig werdende weitere Auflage, die wiederum eine Umfangsvermehrung erforderlich machen wird, sollte man allerdings im Interesse der Handlichkeit eine Unterteilung des Werkes in zwei Bände erwägen.

G. E. R. SCHULZE

Kristall und Technik	7	4	1972	K 51 - K 52

Buchbesprechung

D. W. PALMER, M. W. THOMPSON, P. D. TOWNSEND
(Herausgeber)

Atomic collision phenomena in solids
678 S., zahlreiche Abbildungen und Tabellen, $ ~29,50; Hfl. 100.00
North-Holland Publishing Company - Amsterdam, London
American Elsevier Publishing Company - New York 1970

Es handelt sich um die Proceedings der Internationalen Konferenz über Atomstoßprozesse in Festkörpern, die vom 7.-9. Sept. 1969 an der Universität von Sussex, Brighton, England, stattfand und an der 237 Wissenschaftler aus 20 Ländern teilnahmen. In 9 Sektionen wurden 60 Vorträge gehalten. Davon wurde jedoch ein Viertel nur als Zusammenfassungen gedruckt, leider auch einige der Hauptvorträge. - Druck und Bildwiedergabe sind einwandfrei.

Das behandelte Thema hat enge Wechselbeziehungen zu solchen Gebieten der Angewandten Physik wie Strahlenwirkung, Halbleitertechnik, Gasentladungs- und Vakuumphysik, elektromagnetische Isotopentrennung usw. Daß es als selbständiges Gebiet für eine Konferenz gewählt wurde, ist nicht zuletzt auf das stark wachsende Interesse an Kanalleitungs- und Zerstäubungseffekten zurückzuführen, die auf der Anisotropie des Kristallgitters beruhen. So wurde nur zu Themen gesprochen, die dynamische Aspekte der Stoßerscheinungen behandelten, während Gleichgewichtseffekte im Festkörper wie Diffusion u.a. nicht betrachtet werden.

Folgende Themen werden behandelt:

1) Elektronenkanalisierung (6 Vorträge)
2) Atomstoßtheorie (4 Vorträge)
3) Strahlenwirkung (11 Vorträge)
4) Zerstäubungseffekte (12 Vorträge)
5) Inelastische Atomstöße (5 Vorträge)
6) Ionenkanalisierung (8 Vorträge)
7) Elektronenanregung und Photonenemission (7 Vorträge)
8) Oberflächenstreuung von Ionen (3 Vorträge)
9) Ionen-Eindringprofile (4 Vorträge).

Neben vielen grundsätzlichen theoretischen Abhandlungen wird eine große Zahl experimenteller Ergebnisse diskutiert. Dabei fällt auf, daß sich gerade die experimentell orientierten Vorträge in starkem Maße mit Metallen und heteropolaren Substanzen beschäftigen, der auf der Hand liegende Anwendungsaspekt (Ionenimplantation von Halbleitermaterialien für die Bauelementefertigung) also nur selten Beachtung findet. In den meisten Fällen, auch bei den Experimenten, steht also die prinzipielle Behandlung der Prozesse und Vorgänge während der Wechselwirkung zwischen beschleunigten Teilchen und dem Festkörper im Vordergrund. Natürlich sind auch praxisbezogene Arbeiten vertreten, z.B. bei 9) "Implantationsprofile" oder im Fall der Entwicklung neuer Untersuchungsmethoden.

Das behandelte Gebiet der Atomstoßprozesse in kristallinen Festkörpern gewinnt international immer mehr an Bedeutung. Das liegt vor allem an den vielseitigen praktischen Nutzungsmöglichkeiten, aber auch daran, daß hier ein

Beitrag zu einem neuen, interdisziplinären Wissenschaftsgebiet, der "Nuklearen Festkörperforschung", geleistet wird, das die Lücke zwischen der Festkörperphysik und -chemie sowie der Kernphysik zu schließen beginnt.

Deshalb dürfte das Buch für viele Kernphysiker und einen großen Teil der Festkörperphysiker und Kristallchemiker von beachtlicher Bedeutung sein. Der zusammengefaßte Stand der Kenntnisse z. Z. der Konferenz macht den Sammelband auch heute noch zu einem willkommenen Nachschlagewerk.

M. SCHENK

Kristall und Technik	7	4	1972	K 53 - K 54

Buchbesprechung

H. VOLLSTÄDT

Einheimische Minerale
unter Mitarbeit von G. ROHDE und G. WAPPLER; 341 Seiten, 136 Figuren und Lageskizzen, 49 farbige Abbildungen, einem Verzeichnis der mineralogischen Museen der DDR, Literaturverzeichnis, Mineralregister, Ortsregister, Sachwörterverzeichnis. 19, 70 M
Dresden 1971, Verlag Theodor Steinkopff

Es bereitet eine besondere Freude, nicht nur ein gutes, sondern auch ein schönes Buch zu rezensieren, und so soll als erstes ein Glückwunsch an Autoren und Verlag gerichtet werden! Vor allem anderen treten die prächtigen Farbtafeln der Mineralstufen hervor, und man kann nur bestätigen, daß die Mineralfarben im großen und ganzen hervorragend wiedergegeben werden, was ja erfahrungsgemäß ein schwieriges Problem sowohl für Photographie als auch Reproduktionstechnik darstellt. Wer daran Freude hat, sollte gleich zugreifen, denn wer weiß, ob bei Nachauflagen, die hier nicht schwierig zu prophezeien sind, die Farbdrucke wieder so trefflich kommen werden.

Die Kristallographie ist bekanntlich aus der Mineralogie hervorgegangen und empfängt von ihr seit jeher die in ihrer Vielfalt stärksten Impulse, wozu auch die Besinnung auf die mineralische Umwelt gehört. Das Buch wendet sich an den Amateur-Mineralsammler, doch ist der Kreis der Angesprochenen in Wirklichkeit viel umfangreicher, denn z. B. möchte auch der Rezensent als Nichtsammler keinesfalls das Buch wieder hergeben. Als Vergleich könnte man anführen, daß etwa ein Buch, daß der Tier- oder Pflanzenwelt gewidmet ist, nicht unbedingt auf persönliche Sammlertätigkeit gerichtet sein wird, - wobei nicht verkannt werden soll, daß das Sammeln von Mineralen seine besondere Tradition hat.

Nach einigen allgemeinen Bemerkungen zum Sammeln folgen im Buch Hinweise zur Mineralbestimmung. Der Kalamität, wieviel an kristallographischem Grundwissen darzustellen ist, kommt der Autor in geschickter Weise bei, indem auf 6 Seiten das Gesetz der Winkelkonstanz und die Kristallsysteme behandelt werden, und es zeigt sich, daß die Beschränkung auf die Angabe des Kristallsystems bei der Beschreibung der einzelnen Minderale durchaus praktikabel ist. Sodann wird die Identifizierung von Mineralen vor dem Lötrohr und mit chemischen Mikromethoden behandelt. Allerdings könnte man sich die Informationen zur Bestimmung besser zusammengefaßt in Bestimmungstabellen vorstellen, auch wenn sich der Autor hierbei eng an vorhandene Vorlagen angelehnt hätte.

Den wertvollsten Teil des Buches macht die systematische Beschreibung der einheimischen Minerale auf reichlich 100 Seiten aus. Geordnet nach kristallchemischen Gesichtspunkten werden die wesentlichen Merkmale und Fundorte in der DDR genannt, wenn nötig, auch die Unterschiede zu ähnlichen Mineralen. Wo es angezeigt ist, werden der Name erklärt und die Synonyma genannt. Je nach Vorkommen und Bedeutung werden auch Einzelheiten der Ausbildung und Paragenese, der Bildungsvorgänge, des Verwendungszwecks und in einzelnen

Fällen historische Notizen mitgeteilt, so daß man in Stichworten nahezu alles Wissenswerte über die Mineralwelt der DDR erfährt. Die Zusammenstellung erfolgte sehr sorgfältig, so daß ein tetragonaler Eulytin auf S. 125 einer der seltenen Fehler zu sein scheint.

Im zweiten Hauptteil des Buches wird eine repräsentative Auswahl der einheimischen Mineralfundpunkte beschrieben. Neben den oberflächlichen Aufschlüssen sind es auch die bergbau- und kulturhistorisch bedeutsamen Gruben, die die hauptsächlichen Lieferanten der wertvollen Mineralstufen in Mussen und Sammlungen gewesen sind.

Zum Wert des Buches tragen auch die drei Register bei, deren Brauchbarkeit durch einige Stichproben bestätigt werden konnte; sehr nützlich ist dabei, daß bei mehreren Seitenangaben die wesentlichste halbfett hervorgehoben wurde. Alles in allem kann man die Rezension auch getrost mit einem Glückwunsch beenden!

J. BOHM

Kristall und Technik	7	4	1972	K 55 - K 56

Buchbesprechung

N.F. MOTT, E.A. DAVIS

Electronic Processes in Non-Crystalline Materials
Clarendon-Press, Oxford 1971
437 Seiten. £ 7,50

Nichtkristalline Stoffe haben in den letzten Jahren wegen ihrer Eigenschaften und der z.T. einfacheren technologischen Voraussetzungen an praktischer Bedeutung gewonnen; aber auch der Physiker, insbesondere der theoretische Physiker, interessiert sich in zunehmendem Maße für diese Stoffklasse, da hier völlig andere Voraussetzungen für eine theoretische Durchdringung vorliegen als etwa in Kristallen. Während die elektrischen, optischen und auch magnetischen Eigenschaften letzterer durch die von einer geordneten Struktur ausgehenden Bändertheorie beschrieben werden können, versagen derartige Näherungen bei amorphen Körpern.

1960 gelang es Ziman, die elektrischen Eigenschaften von flüssigen Metallen als Effekt einer schwachen Wechselwirkung zwischen den Atomen und Elektronen zu erklären; zur gleichen Zeit haben Ioffe und Regel Prinzipien über den Einfluß der mittleren freien Weglänge bezüglich der mittleren Atomabstände auf Ladungstransport aufgestellt. Seitdem hat sich das theoretische Verständnis der nichtkristallinen Stoffe sehr rasch entwickelt. MOTT und DAVIS fassen die sehr bedeutungsvollen Ergebnisse, die in den 10 Jahren von 1960 bis 1970 gewonnen wurden, zusammen und behandeln damit einige spezielle Stoffklassen. Den grundlegenden Fragen sind dabei die ersten 6 Kapitel gewidmet, während in den restlichen 4 diese Ansätze auf bestimmte Verbindungen angewandt werden. Die Besonderheiten werden dabei durch ständigen Bezug auf die bekannte Behandlung von Kristallen hervorgehoben, so daß der Leser einen gut fundierten Einblick in dieses neue Gebiet erhält.

Nach einleitender Erläuterung der Problematik wird im 2. Kapitel generell das Verhalten von Elektronen in nichtkristallinen Medien behandelt. Ausgangspunkt ist hierbei die Diskussion der Zustandsdichte und der mittleren freien Weglänge, die durch Streuung an Störstellen einschließlich Phononen bestimmt wird. Hierbei spielen auch lokalisierte Störstellen eine entscheidende Rolle, die bei hohen Konzentrationen zur reinen Störstellenleitung führen können. Dabei wird eine charakteristische Energie eingeführt, die den Bereich, in dem die Zustände lokalisiert sind, von den übrigen abtrennt. Hieraus werden Thermospannungen, Diffusionskoeffizienten, Hall-Konstanten u. ä. berechnet.

Im 3. Kapitel werden diese Vorstellungen an Hand der Diskussion von flüssigen Metallen, Halbmetallen und Halbleitern erweitert, wobei zusätzlich Knight-shift, magnetische Suszeptibilität, Röntgenspektren und optische Eigenschaften behandelt werden. Phononen werden im folgenden unter dreierlei Gesichtspunkten diskutiert: Sie können Elektronen streuen und damit die Leitfähigkeit beeinflussen, durch Energieaustausch können sie die Störstellenleitung (Wanderung der Elektronen von Störstelle zu Störstelle) beeinflussen und sie können zusammen mit Elektronen Polaronen bilden.

Im 5. Kapitel werden schließlich Metall-Nichtmetall-(MOTT-)Übergänge ausführlich diskutiert, wobei einerseits das Verhalten von Elektronenpaaren, andrerseits die Bewegung von Elektronen in nichtperiodischen Feldern betrachtet werden muß. Als Vielkörpereffekt führt diese Art von Übergängen unmittelbar zu dem Problem der Störstellenbänder, die im 6. Kapitel unter Berücksichtigung von Hall-Effekt, magnetischen Polaronen, magnetischen Halbleitern u. ä. behandelt werden.

Die hierbei insgesamt entwickelten Modelle werden zunächst auf nichtkristalline Halbleiter angewandt, um experimentelle Effekte (Photoleitung, verschiedene Absorptionserscheinungen, Photo-Emission, Elektronenspinresonanz u. a.) zu erklären. Amorphem Germanium, Silizium, III-V-Verbindungen und verschiedenen ternären Verbindungen (z. B. $CdGeAs_2$) ist ein besonderes Kapitel gewidmet, in dem sowohl Herstellungsverfahren als auch physikalische Eigenschaften behandelt werden. In ähnlicher Weise werden Chalkogenid-Gläser (z. B. As_2S_3, As_2Se_3-As_2Te_3 u. ä.) und Selen, Telur und deren Legierungen in besonderen Kapiteln behandelt. Eine Tabelle mit den charakteristischen Eigenschaften der behandelten Stoffe und etwa 600 Literaturzitate beschließen diese Monographie.

Das sehr gut ausgestattete Buch gehört zu den Standardwerken dieses Gebietes, das jedem, der sich mit der Physik nichtkristalliner Stoffe beschäftigt, empfohlen werden kann. Es beschreibt eine wichtige Etappe der Entwicklung dieses Gebietes und wird auch dann noch seinen Wert behalten, wenn die Kenntnisse über amorphe Strukturen weiter angewachsen sind.

A. LÖSCHE

Kristall und Technik

Crystal Research and Technology

Zeitschrift für experimentelle und technische Kristallographie

Herausgegeben von
H. Neels, Leipzig

Erscheinungsweise monatlich mit einem Umfang von 128 Seiten im Format 16,7 × 24 cm, mit Abbildungen, Bezugspreis 20,– M.

BEITRÄGE DES HEFTES 5, 1972

Originalbeiträge

Kolibri 360 GmbH
Ferdinand-Jühlke-Straße 7
99095 Erfurt, Deutschland
produktsicherheit@kolibri360.de